CLOTHING ERGONOMICS

服装工效学

第二版
SECOND EDITION

主编 \ 戴宏钦 卢业虎
副主编 \ 鲁虹 朱方龙

U0395646

苏州大学出版社
Soochow University Press

图书在版编目(CIP)数据

服装工效学/戴宏钦,卢业虎主编. —2版. —苏
州:苏州大学出版社,2017.5
ISBN 978-7-5672-2127-7

Ⅰ.①服… Ⅱ.①戴… ②卢… Ⅲ.①服装—工效学
—高等学校—教材 Ⅳ.①TS941.17

中国版本图书馆 CIP 数据核字(2017)第 119818 号

内容简介

服装工效学是研究人体、服装和环境及它们之间相互关系的学科,是一门涉及多种学科的边缘交叉学科。本书主要内容包括服装舒适性与评价、人体热生理、服装热传递、服装湿传递、暖体假人、服装湿热传递的数值模拟、服装感觉舒适性与压力舒适性、功能性服装、智能服装、人体体型与服装设计等。该书是编者在多年服装工效学教学讲义的基础上,结合大量文献资料,总结、归纳,并予以系统化而成。

全书注重理论与实践的结合,内容丰富,结构清晰,所引用的文献具有权威性和实效性,可作为服装设计与工程专业硕士研究生和本科生的教材使用。

服装工效学(第二版)

戴宏钦　卢业虎　主编

责任编辑　王　亮

苏州大学出版社出版发行
(地址:苏州市十梓街1号　邮编:215006)
苏州市深广印刷有限公司印装
(地址:苏州市高新区浒关工业园青花路6号2号厂房　邮编:215151)

开本 787 mm×1 092 mm　1/16　印张 11.75　字数 294 千
2017 年 5 月第 2 版　2017 年 5 月第 1 次印刷
ISBN 978-7-5672-2127-7　定价:39.00 元

苏州大学版图书若有印装错误,本社负责调换
苏州大学出版社营销部　电话:0512-65225020
苏州大学出版社网址　http://www.sudapress.com

《服装工效学(第二版)》说明 SHUOMING……

　　服装工效学是一门研究人、服装和环境三者之间关系的新兴边缘学科，是目前服装领域的研究热点之一，研究内容不断深入，新的研究方法也不断涌现。原有教材(第一版)与服装工效学的发展已不相适应，因此，对原有教材进行修改是非常必要的。

　　第二版与第一版相比较，修订内容主要包括以下几个部分：(1) 增加新内容。本次修订新增内容是"服装热湿传递的数值模拟"和"智能服装"两个部分，这是近几年出现的最新研究方法和研究领域。(2) 修改部分内容。服装工效学是一门理论与实践结合很紧密的课程，原有教材在实践方面内容不够全面和详细，此次修改的内容主要体现在服装热湿阻的具体测量过程、人体穿着舒适性的评价方法和过程等。另外，功能性服装是服装工效学中一个重要内容，本次修订重点对这部分内容进行了重新编写。(3) 调整部分章节的编排。将第一版第七章调整为第二章，该章讲述服装舒适性概念、影响要素及产生方法等内容，是服装工效学的核心内容，提前讲述有助于学生更好理解后面的内容；将第一版第二章调整为第十一章。(4) 为了提高实践部分的教学效果，此次教材修订时增加服装工效学主要实验的视频，可至出版社网站下载。

　　苏州大学的戴宏钦和卢业虎、东华大学的鲁虹、中原工学院的朱方龙及嘉兴学院的叶晶参加了本书的编写工作，全书由戴宏钦统稿。戴宏钦编写第一、五、七、八章，卢业虎编写第二、三、四、六章，朱方龙编写第九章，叶晶编写第十章，鲁虹编写第十一章。

　　在此书的编写过程中，查阅了大量的相关文献，借此机会，谨向所直接引用或间接引用的著作和论文的作者表示诚挚的谢意。

编著者

2017 年 3 月

2011年第一版前言 QIANYAN ······

服装工效学是研究人体、服装和环境及它们之间相互关系的学科，隶属于人类工效学，其研究内容主要包括人体测量及数据应用、人体热生理与服装舒适性、人体神经生理与服装感觉舒适性、功能性服装及材料、服装工效评价用的测试方法和测试仪器等。服装工效学是一门综合边缘学科，涉及人体科学、服装材料学、环境科学、数学、物理学等学科的知识和内容。

国外在服装工效学研究领域起步较早，美国、日本等国是服装工效学研究较为发达的国家，其研究成果应用于工业、农业、军用和航天等领域。美国的 Gagge、Woodcock、Hollies 等著名服装科学家为服装舒适性的研究做了大量的基础性和开拓性工作；现在，美国一些设有服装专业的大学均有服装工效学及其相关课程。日本的原田隆司、田村照子等众多学者在服装气候学、服装环境学等服装工效学相关领域进行了大量的研究。我国在服装工效学领域研究较晚，和国外先进水平相比较还有一定的差距，但姚穆院士、曹俊周教授、欧阳骅教授、张渭源教授及其他著名学者均做了大量卓有成效的工作。本书引用了他们不少很好的见解。

目前，我国的一些纺织服装院校相继开设了服装工效学及其相关课程，这有助于加深这个领域的理论探讨和科研活动，但教材相对匮乏，系统全面地介绍服装工效学的教材就更少。本书是编者在多年服装工效学教学讲义的基础上，结合大量文献资料，总结、归纳，并予以系统化而成。

全书结构安排如下：第一章 绪论；第二章 人体体型与服装设计；第三章 人体热生理；第四章 服装热传递；第五章 服装湿传递；第六章 暖体假人；第七章 服装舒适性与评价；第八章 服装感觉舒适性与压力舒适性；第九章 功能性服装。

参加本书编写的有戴宏钦、鲁虹、翁幼珍，全书由戴宏钦统稿。本书第一、三、四、五、六、七、八章由戴宏钦编写，第二章由鲁虹编写，第九章由翁幼珍编写。在编写与初审中施建平和戴晓群老师为此书提出了修改意见，在此表示感谢。

在此书的编写过程中，查阅了大量的有关人类工效学、服装工效学、服装舒适性方面的论著及论文等文献资料，这些资料多数来源于国内外知名专家的著作、国际期刊和会议论文集等相关文献，借此机会，谨向所直接引用或间接引用的著作和论文的作者表示诚挚的谢意。为方便读者进一步追溯和研读相关文献，书中采用按章标引参考文献的方式。

　　服装工效学是一门边缘交叉学科，涉及领域广泛，研究成果层出不穷，限于经验和知识，书中可能有诸多疏漏和不妥之处，恳请读者批评指正。

编　者

2011 年 5 月

目录

第一章

绪　　论

第一节　人类工效学概述

一、人类工效学的概念

人类工效学的英文单词是 Ergonomics。1857 年波兰教育家雅斯特莱鲍夫斯基教授首先提出单词 Ergonomics，它由两个希腊词根"ergo"和"nomics"组成，"ergo"是工作的意思，"nomics"是规律的意思，整个词是工作规律或工作法则的意思。该单词在牛津英汉字典上的解释是"study of the environment，conditions and efficiency of works"，也就是对工作的环境、条件和效率问题的研究。

人类工效学是一门新兴边缘学科，是人体测量学、人体解剖学、环境科学以及工程技术等学科之间的交叉学科。它产生于 20 世纪 40 年代的英国，形成于美国，现已广泛应用到工业、管理等各个行业中。人类工效学是主要研究人、设备及其工作环境之间相互关系和相互作用的学科。其核心是如何使设备和工作环境更好地满足人们的心理和生理的要求，以便提高人机系统的效率。简单地讲，就是着眼于人的健康、福利和效率，使人、设备和工作环境达到最佳状态。

那么到底什么是工效学呢？目前世界上还没有统一的定义和命名，不同国家及组织的定义和命名都是不同的。下面列举一些国家及组织对于人类工效学的命名及其定义[1,2]，从而可以较全面地了解人类工效学的含义及其主要思想。

（1）欧洲学者称之为人类工程学或工效学（Ergonomics），其定义为：研究在生产过程中合理适度地劳动与用力的规律问题的学科。

（2）美国学者称之为人类因素学（Human Factors 或 Human Factors Engineering），其定义为：设备设计必须适合人的各方面的因素，以便在操作时付出最小的代价而求得最高的效率。

（3）日本学者称之为人间工学，其定义为：研究人和机械如何适用的学问，其目的是最大效率而且正确地发挥人机系统的机能，同时它是关于怎样设计一个利用了以上知识的系统的工程学。

（4）国际人类工效学学会的定义：人类工效学研究人在某种工作环境中的解剖学、生理学和心理学等方面的各种因素；研究人和机器及环境的相互作用；研究在工作和生活中怎样统一考虑工作效率、人的健康、安全和舒适等问题。

（5）我国学者称之为人机工程学、人体工程学或人类工效学。《中国企业管理百科全书》中对人类工效学的定义为：人类工效学研究人和机器、环境的相互作用及其合理结合，使设计的机器和环境系统适合人的生理、心理特点，达到在生产中提高效率、安全、健康和舒适的目的。

综上所述，人类工效学是以人的生理、心理特征为依据，运用系统工程的观点，分析研究人与机械、人与环境以及机械与环境之间的相互作用，从而设计操作简便、省力、安全、舒适的人-机-环境系统，使其相互之间的配合达到最佳状态。它的研究目的主要是使人工作、生活更有效，更安全，更舒适。

二、人类工效学的发展

人类工效学形成于 20 世纪初，先导者是泰勒和吉尔布雷斯。它的发展根据研究内容和方法可分为三个主要阶段。[2,3]

（一）经验阶段

这个阶段始于石器时代，一直延续到人类有意识地研究人机关系时代，即 19 世纪末期。在这个阶段，人类通过长期的实践，积累了一些人与工具间的朴素关系，在生产力比较低的时代，为人类更有效地使用工具和制作更适于人类使用的工具提供了可能。例如人类在石器时代选择石块制成可供敲、砸、刮、割的各种工具，这个过程实际上就是设法使石器能适于人手和脚使用的过程。我国古代对于人与工具之间相互配合规律性的研究有着悠久的历史和辉煌的成就。两千多年前的《冬官考工记》中就有我国商周时期按人体尺寸设计制作各种工具及车辆的记载；战国时期的《黄帝内经》中对人体尺寸的测量方法、测量部位、测量工具、尺寸分类等有着详细的说明，如："其可为度量者，取其中度也"是对测量对象提出的要求，"若夫八尺之士，皮肉在此，外可度量切循而得之，其死可解剖而视之"为体表尺寸的测量方法。

（二）科学阶段

人类在石器时代学会选择石块制作各种工具，产生了原始的人机关系。此后，随着社会和技术的发展，人类不断地创造发明，研究制造各种工具、用具、机器、设备等。但在这一过程中却忽略了对自己制造的生产工具与自身关系的研究，于是导致了低效率，甚至对自身的伤害。19 世纪末，人们开始采用科学的方法研究人与其所使用的工具之间的关系，从而进入了有意识地研究人机关系的新阶段。在这个阶段最具有代表性的人物主要有泰勒、吉尔布雷斯夫妇以及闵斯特伯格，他们的研究为人类工效学的发展奠定了基础。

1898 年，现代管理学之父泰勒（F. W. Taylor）进入美国的伯利恒钢铁公司工作，他对铲煤和矿石的工具——铁铣进行研究,找到了铁铣的最佳设计方法以及每次铲煤或矿石的最适重量。同时,泰勒还进行了操作方法的研究,剔除多余的不合理的动作,制定最省力、高效的操作方法和相应的工时定额,大大提高了工作效率。

1911 年,吉尔布雷斯夫妇(F. B. Gilbreth and L. M. Gilbreth)通过快速拍摄方法,详细记录砌砖工人的操作动作,对其进行分析研究,提出了著名的"吉尔布雷斯基本动作要素分析表"。他们对工人的砌砖动作进行简化,使砌砖速度由原来的 120 块每小时提高到 350 块每小时。他们的研究成果被后人称为"动作与时间研究",该成果对于提高作业效率至今仍有重要意义。

1912 年,现代心理学家闵斯特伯格(H. Munsterberg)出版了《心理学与工作效率》等书,将当时心理学的研究成果与泰勒的科学管理理论有机地结合起来,运用心理学的原理和方法,选拔与培训工人,使工人适应于机器。

该阶段的主要研究内容是把当时的心理学研究成果与泰勒的科学管理学从理论上有机结合起来,其研究成果为人类工效学学科的形成打下了良好的基础。

该阶段的特点是:机械设计的重点在于力学、电学和热力学等工程技术方面的优选,通过选拔和训练,使人适应机器。

（三）现代人类工效学阶段

随着社会和科学技术的发展,人们所从事的劳动在复杂程度和负荷上都有了很大变化,因此改革劳动工具、改善劳动条件和提高劳动效率成为最迫切的问题。第二次世界大战期间,一些国家在研制新型武器时,疏于对操作人员的生理与心理特征进行了解,同时忽视操作人员的能力素质的提高和训练,导致武器系统的效能不能完全发挥出来,甚至出现了严重事故。例如,因为第二次世界大战的需要,美国制造了大量的飞机,飞机上的操纵器、仪表和显示器有一百多种,然而这些飞机人机界面的设计忽视了飞行员的生理和心理因素,再加之飞行员的训练无法与之相适应,飞行员的反应速度与操纵飞机的要求相差较远,从而导致很多飞行事故。多次失败使人们认识到只有当武器装备符合使用者的生理、心理特性和能力限度时,才能发挥其高效能,避免事故的发生。于是,对人机关系的研究从使人适应于机器转入了使机器适应于人的新阶段。也正是在此时,工程技术才真正与生理学、心理学等人体科学结合起来,从而为人体工效学的诞生奠定了基础。

20 世纪 50 年代开始,人类工效学与工程心理学逐渐分离,人们开始注重人-机-环境系统的研究。60 年代,人类工效学研究的指导思想是将人-机-环境作为一个完整的系统,使系统中的人、机、环境获得最佳匹配,以保证系统整体最优。70 年代以后,有人主张应特别强调人类的基本价值,强调在系统、工具、环境设计中考虑操作者的个体差异,使人类在操作机器的过程中也能获得满足。

该阶段的一些主要事件和研究成果如下:

（1）1949 年,在默雷尔(K. F. H. Murrell)的倡导下,英国成立了第一个人机工程学科研究组。1950 年 2 月 16 日,英国海军部会议上通过了人机工程学(Ergonomics)这一名称,正式宣告该学科的诞生。

（2）1949 年,恰帕尼斯(A. Chapanis)撰写了《应用实验心理学——工程设计中人的因素》一书,该书总结了第二次世界大战期间的研究成果,系统地论述了人机工程学的基本原理和方法,奠定了人机工程学的理论基础。

（3）1954年,伍德森(W. B. Woodson)出版了《设备设计中的人类工程学导论》一书。

（4）1957年,麦克考米克(E. J. McComick)出版了《人类工程学》一书。

（5）1961年,在斯德哥尔摩举办了第一届国际人类工效学学术会议,成立了国际人类工效学学会(International Ergonomics Association,简称IEA),会刊是《Ergonomics》。

（6）1975年成立国际人体工程学标准化技术委员会(ISO/CT-159),发布《工作系统设计的人类工效学原则》标准,作为人机系统设计的基本指导方针。

三、人类工效学的主要研究内容

在现代人类工效学中,把人-机-环境看成一整体,用系统的观点和方法加以研究。系统的整体性能取决于系统的组织结构及系统内部的协同作用程度,不是构成系统的各部分的简单相加。因此,人类工效学的研究内容应包括对人、机、环境各因素的研究及对人-机-环境系统整体的研究。

（一）人体因素研究

人体因素的研究主要包含人的生理特性、心理特性和能力限度三个方面,是人-机-环境系统设计的基础,研究内容包括人体形态特征参数(静态和动态)、人的感知特征、人的反应特征、人在劳动中的心理特征等。

（二）机器因素研究

在人-机-环境系统中,机器不应该特指人们常说的机械或电子类的装置,是一个泛指的概念。不同的研究对象,涉及的因素各不相同,包括机械、电气、仪表、材料、建筑、服装、环艺等工程科学。这方面的研究内容主要包括:信号传输显示方法、操纵控制装置、安全保障装置与技术和机器上有关人体舒适性及使用方便性的技术等。

（三）环境因素研究

环境是个十分广泛的概念,可大可小。从大的方面讲,一般包括物理环境与社会环境两大类;从小的方面看,可分为自身环境与周围环境。通常将环境划分为生产环境、生活环境、室内环境、室外环境、自然环境、人为环境等。

（四）系统综合研究

系统综合研究的目的是为了得到系统的最佳效果,其研究内容可概括为以下几个方面:

（1）研究人、机功能的合理分配:根据人和机器各自的机能特征和限度,合理分配人、机功能,发挥各自的特长,以保证系统的功能最优。

（2）研究人机相互作用及人机界面设计:人机相互作用的过程就是利用控制器和信息显示器实现人机间信息交换的过程。重点研究人对被控对象状态信息的处理过程,以及人机控制链的优化方法。

（3）研究人-机-环境系统的可靠性与安全:对影响人的可靠性的因素进行研究,寻求减少人为差错、防止事故发生的途径和方法。

（4）研究环境及其改善:包括环境因素对劳动质量及生活质量的影响、作业舒适度及生命保障系统的设计方法等。

四、人类工效学的学科组成

人类工效学是一门综合性的边缘科学,其基础理论涉及许多学科。人类工效学的学科可以分为人体科学、环境科学和工程技术三个部分。

人体科学是人类工效学的基础学科,为工程设计提供有关人的生理、心理方面的理论参数。其主要学科有人体心理学、人体生理学、人体解剖学、人体测量学、运动生物力学、劳动心理学、劳动生理学、劳动卫生学、劳动保护学等。

环境科学为研究如何改善影响人的工作和健康的不良环境,以及如何创造安全、舒适、满意的工作环境提供科学依据。其主要学科有环境保护学、环境卫生学、环境监测学、环境医学、环境控制学、环境工程学等。

工程技术为人类工效学的研究提供先进的研究理论、方法和手段。其主要学科有机械工程、系统工程、工业工程、企业管理工程、安全工程以及信息论、控制论、计算机科学等。

第二节 服装工效学

一、服装工效学的概念

服装工效学是人类工效学的一个分支,它有广义和狭义两个方面的内容。广义的概念主要是指在服装生产、管理、销售及服装穿着过程中所发生的工效问题。其中前三个方面的问题可以看做是人类工效学的一般问题,如服装生产车间的布局、工作环境的设置、各种缝纫设备的设计及工人的工作时间等问题。狭义的服装工效学就是指服装在穿着过程中的工效问题,研究的对象是人-服装-环境这个特殊的系统,研究的内容是如何使服装适应和满足人工作和生活的问题。本书就是围绕这个主题展开,书中的服装工效学就是指狭义的服装工效学。

服装工效学是借鉴现代人类工效学的已有成果,结合服装本身的特殊性,综合运用人体生理学、心理学、服装材料学、环境科学等学科的原理和方法而形成的一门新兴的边缘学科。该学科研究人和服装及环境间的相互作用,研究人体在穿着服装过程中的舒适、健康和安全等问题。

人类在使用服装的过程中,像人类工效学的发展一样,存在人适应服装的问题。例如在物质条件匮乏的年代,人们对服装的选择是有限的,甚至是没有选择余地的,比如在合成纤维出现之前,人们为了保温,常穿着厚重的棉衣棉裤,制约了人们的活动。纺织服装技术的发展和物质水平的提高使服装适应人成为可能,这也是现代人类工效学的主导思想。那么,服装满足人体的需求主要体现在哪里? 概括起来主要有以下几点:

1. 舒适感和满意度

服装不仅能御寒和装饰形体,更主要的是要使人穿着舒适和满意,不合理的结构和材料、尺寸都难以达到令人满意的程度。

2. 有益健康

人体的健康受服装的影响是显而易见的,如服装的压力不能超过人体的承载力,化纤面料的服装会使有些人发生过敏反应,引起皮炎。

3. 安全性

服装的安全性有两层含义:其一是服装在非安全环境中要有安全警示作用;其二是要将生活服装的安全因素渗透于设计之中。

二、服装工效学的发展

人类在使用服装的过程中,有体现工效学的内容的地方,如穿衣防寒保暖,用服装来装饰自己等;但也存在不符合工效学的地方,如西洋女装的裙撑、束身衣,我国古代的船形小脚鞋、十八滚的直身旗装等。服装工效学的发展和人类工效学的发展一样,人类从经验阶段向有意识的、系统的科学研究发展。人类自觉地、能动地把实现"衣服适应人"的目标并入科学系统的研究范畴,则是近几十年的事。从近代到现在,一些研究人员在这方面做了很多有益工作,为服装工效学的发展奠定了基础。

(一)服装的生理卫生功能研究

服装对人的健康有重要影响,这一服装卫生学的思想萌芽于古希腊哲人恩培多克勒的皮肤呼吸学说。19世纪,卫生学的始祖培丁考佛教授在慕尼黑大学开设实验卫生学讲座,开始研究服装对环境卫生的重要作用。1891年,鲁布纳在前人研究成果的基础上发表自己的研究成果,确立了服装卫生学的基础。

(二)服装热湿舒适性的研究

(1)1941年,盖奇等人提出了与人的生理参数、心理感受和环境条件相联系的服装隔热保暖指标——克罗(clo)。[4]

(2)1945年,气候学家和生理学家塞泊尔发表了《选择寒冷气候服装的原则》的论文,从生理学和气候学的角度弄清了服装的防寒隔热原理,提出了服装的防寒保暖原则,对服装的选材和设计起到了重要的指导作用。[5]

(3)1949年,美国出版世界上第一本服装生理教材《热调节生理学与服装科学》[6];1955年英国出版《人在寒冷环境中》一书[7]。

(4)1962年,伍德科克提出服装的透湿指数,用来评价热环境下服装热湿舒适程度。[8]

(5)19世纪60年代末,丹麦科技大学的范格教授建立了考虑人体、服装、环境三方面六个因素的热舒适方程、舒适图和七点标尺系统。[9]

(6)20世纪40—50年代,美国和加拿大的军队开始研制暖体假人。

(7)20世纪60年代后期,美、英、日等国研制了各种模拟人体热湿状态的出汗暖体假人,用于衣料的热湿传递试验。

(三)国内的研究情况

我国服装工效学起步较晚,但很多服装研究人员也做了很多有价值的研究。中国工程院院士姚穆教授、香港理工大学的李毅教授和范金土教授、东华大学的张渭源教授以及总后勤部军需装备研究所的曹俊周等研究人员在服装舒适性与功能、热湿传递等方面做了大量的工作。

（1）1984 年，姚穆等研制了织物微气候仪，提出了"当量热阻"等综合反映织物传热传湿的性能指标。[10]

（2）1985 年，欧阳骅编写出版了《服装卫生学》一书。[11]

（3）20 世纪 60 年代，中国人民解放军总后勤部军需装备研究所开始设计研究分段暖体假人——"78 恒温暖体假人"。在此基础上，20 世纪 80 年代末又研制成功了"87 变温暖体假人"。

（4）东华大学的张渭源等在 20 世纪 80 年代中期开始研制服装用暖体假人，其中第三代假人是姿态可调的暖体出汗假人，是我国第一个用于研究舱内航天服的暖体出汗假人。

（5）2002 年香港理工大学的范金土等人研制出世界上第一个采用水和特种织物制作的出汗暖体假人。

三、服装工效学的研究对象和研究内容

服装工效学是一门边缘学科，其研究的对象主要是人、服装和环境及其相互关系，力求使服装满足人在特殊条件下的生理和心理需求。研究的人的因素主要包括人的形体特征、心理和生理特征；服装的研究主要是在人的研究的基础上设计服装的结构、款式、色彩搭配及进行服装材料的选择等；环境的研究主要包括外部的物理环境（气候条件）和社会环境（团体、人与人之间的关系、工作制度等）。

服装工效学和人类工效学一样，其研究内容主要随着人们对服装舒适性要求的提高而受到重视，它的研究内容也越来越丰富，从经验逐渐转向科学性和合理性。其研究的主要内容包括以下几个方面：

（1）人体形态、运动机能与服装运动舒适性研究。

（2）人体热湿生理机能与服装热湿舒适性研究。

（3）人体神经生理机能与服装感觉舒适性研究。

（4）人体形体数据的测量及其数据的应用研究。

（5）功能服装（智能服装）及其材料的研究。

四、服装工效学的研究方法

服装工效学是人体科学、服装材料学、服装设计学以及环境科学等多学科的交叉，这些学科各自有自己的研究方法，这些方法都可以在服装工效学的研究中使用，而且服装工效学还有自己的研究方法。结合人类工效学的研究方法，服装工效学的研究方法主要有以下几种：

1. 观察法

该方法是研究人员利用肉眼或辅助工具如照相机、摄像机等获取人-服装-环境系统中人体的状态或反应，也可以观察服装的状态。例如，可以通过观察法评价裙子的悬垂性和穿

着的效果。

2. 实测法

该方法是借助测量仪器进行实际测量,是服装工效学中常用的方法之一。该方法可以用来测量人-服装-环境系统中的参数,也可以测量其中某个对象的属性,如可以使用红外温度传感器无线测量人体运动过程中体表温度的变化。

3. 实验法

该方法是在人为设计的环境中测量实验对象的状态、行为和反应的一种方法。例如,为了评价一件服装的热湿舒适性,可以在实验室中,在设定的环境下,对着装者的人体生理参数、服装有关的参数进行测量,采用主观评价方法对着装者的感觉进行评价。

4. 模拟和模型法

该方法是应用各种技术和装置对人-服装-环境系统进行模拟。例如,暖体出汗假人就是模拟人体热湿生理的一个测量装置;也可以采用数学模型来模拟人体的热生理和人体-服装-环境间的热湿交换过程。[12]

5. 调查研究法

该方法是针对某个问题要求被调查者做出回答,并对所有的回答进行分析,推测群体的主观感受的一种方法。例如,可以使用该方法调查穿着者对所穿服装舒适性的主观感受。

练习与思考

1. 比较不同的人类工效学的定义,简述人类工效学的核心思想。
2. 列举一些我们身边的人类工效学应用实例。
3. 简述服装工效学的概念。
4. 服装工效学与人类工效学的关系是什么?
5. 简述服装工效学的研究内容。
6. 简述服装工效学的研究方法。

参考文献

[1] 陈毅然. 人机工程学[M]. 北京:航空工业出版社,1990.

[2] 朱序璋. 人机工程学[M]. 西安:西安电子科技大学出版社,1999.

[3] 赖维铁. 人机工程学[M]. 武汉:华中科技大学出版社,1997.

[4] Gagge A P. Burton A C, Bazett H D. A practical system of units for the description of heat exchange of man with his environment[J]. Science, 1941, 94(2445):428 – 430.

[5] Siple P A. General principles governing selection of clothing for cold climates[J]. Proceedings of American Philosophical Society, 1945, 89: 200 – 234.

[6] Newburgh L H. Physiology of Heat Regulation and the Science of Clothing[M]. Philadelphia: W. B. Saunders Co., 1949.

[7] Burton A C. Edholm O G. Man in a Cold Environment[M]. London: Arnold, 1955.

[8] Woodcock A H. Moisture transfer in textile systems, part 1[J]. Textile Research Jour-

nal,1962,32(8):628 –633.

[9] Fanger P O. Calculation of thermal comfort:introduction of a basic comfort equation [J]. ASHRAE Transactions,1967,73(2):Ⅲ.4.1 – Ⅲ.4.20.

[10] 姚穆,李毅,李顺东,等.逆温差条件下织物热湿舒适性的测试与研究[J].纺织学报,1986,7(4):15 – 19.

[11] 欧阳骅.服装卫生学[M].北京:人民军医出版社,1985.

[12] 袁修干.人体热调节系统的数学模拟[M].北京:北京航空航天大学出版社,2005.

第二章

服装舒适性与评价

服装工效学是研究人-服装-环境的一门边缘学科,其主旨之一就是使着装者在穿着服装时感觉舒适,从而提高穿着者的生活质量和工作效率。因此,服装舒适性是服装工效学的主要研究内容之一。现代消费者对服装的兴趣,不仅仅在于服装的外观,更在于舒适的感觉,这也促进了服装舒适性研究的不断深入。

服装舒适性的研究可以追溯到第二次世界大战期间,经过几十年的发展,其研究成果已经广泛应用到日常用服装、军服、航天服等不同领域的服装设计与制作中。[1-4]其中,服装的热湿舒适性是整个服装舒适性中最基本、最重要的部分,是目前国内外最为广泛的研究领域,也是服装工效学研究的前沿课题,很多情况下我们说到服装舒适性就是指服装热湿舒适性。当然,随着人们生活水平的提高,服装其他方面的舒适性也日益受到关注,如感觉舒适性和运动舒适性。

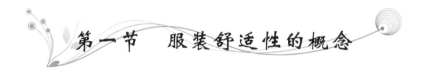

第一节　服装舒适性的概念

一、人体的舒适感

人体可以通过眼睛、耳朵等器官收集外界的信息,通过体内的专门感受器转化为神经冲动,神经冲动经神经传导到人的大脑皮层,在大脑皮层的感觉中枢加工,形成人的感觉。人体感觉对于维持稳定的体内环境和适应不断变化的外部环境是很重要的。人体的舒适感是人体感觉的一种,是人体与客观事物相互作用后,人体大脑所形成的主观感觉。如果与人有联系的客观事物的物理特性符合人体的生理、心理需要,那么就会产生舒适感,此时人体处于满意的状态。

人体舒适感的产生一般须经过物理过程、生理过程和心理过程。物理过程是指外界对人体的刺激过程,如光、机械等作用,该过程遵循物理规律;生理过程包括热湿生理和神经生理过程,是人体受外界刺激之后的生理反应;心理过程是由神经感觉信号引发的感官和感觉形成主观知觉的大脑活动,通过对照储存在大脑中的舒适感的评价标准,如果相符就产生舒适感。

舒适是一个难以定义且模糊的概念,到目前为止,还没有一个全面、科学的舒适感的定义。很多研究人员从不同的角度对舒适性做了定义和解释。美国著名服装舒适性研究专家Hollies 等人提出静止或休息时的舒适标准,该标准从人体生理需求出发,是相对比较全面的一个定义,但也存在一些不足,如舒适感还应包含其他方面的内容。后来 Hollies 等人在总结前人研究成果时,发现人的舒适感包含热与非热两种成分。[1]Slater 对舒适感的定义是人与环境间生理、心理及其物理协调的一种愉悦状态。Slater 认识到了环境对于舒适性的重要性并定义了生理舒适性、心理舒适性和物理舒适性三种类型的舒适性。生理舒适性与人体维持生命的能力有关;心理舒适性指人脑在外部帮助下满意地保持其自身功能的能力;物理舒适性则是外界环境对人体的作用。[5]

二、服装舒适性的定义及分类

（一）服装舒适性的定义

服装舒适性就是指服装穿着舒适的程度。穿着舒适性好的服装能给人以轻松、自然、舒适的感觉,便于人体的活动,调节服装气候。那么什么是服装舒适性? 其定义分为广义和狭义两种。广义的服装舒适性是指着装者通过感觉（视觉、触觉、听觉、嗅觉、味觉）和知觉等对所穿着服装的综合体验,包括生理上的舒服感、心理上的愉悦感、社会文化方面的自我实现和自我满足感。狭义上的服装舒适性就是指生理舒适性。

服装舒适性是一个包含了主观和客观因素的概念,其中人体的主观感觉和服装的客观物理属性是影响服装舒适性的重要因素。此外,环境因素如温度、湿度、光照等也是不可忽视的。服装舒适性的影响因素很多,其中有些内容目前已经形成共识[6]:

（1）舒适性与各种感觉的主观感知有关。

（2）舒适性包含人体的许多感觉,如视觉、热、痛等。

（3）人体与服装接触在决定穿着者舒适状态方面起着重要作用。

（4）外部环境（物理、社会和文化）对穿着者的舒适感有很大的影响。

（二）服装舒适性的分类

服装舒适性分为心理舒适性和生理舒适性两种类型。

心理舒适性包含服装色彩、款式以及与环境的适合性等方面。

生理舒适性包括热湿生理舒适性、感觉舒适性和运动舒适性。

（1）热湿生理舒适性是指保持人体处于一个合理热湿状态的性能。在不同的环境下,人体穿着服装后达到热平衡,人体感觉不热不冷,不闷也不湿,满足人体的热湿生理需要。服装热湿舒适性与服装材料的热湿性能、服装的款式和结构以及人体所处的状态有关。

（2）感觉舒适性是服装与人体皮肤接触时所引发的各种神经感觉,包含服装材料对人体皮肤的力学刺激引发的触觉舒适性和服装与皮肤接触瞬间产生的热湿舒适感。

（3）运动舒适性是服装允许人体自由运动、减少束缚、根据需要保持身体形状的能力。

包含穿着的合体性、对人体运动的束缚及服装压等问题。运动舒适性主要与服装材料的力学性能以及服装款式结构有关。

三、服装舒适性的形成过程

服装舒适性与人体的心理和生理有很大的关系,具有很强的主观性和模糊性。舒适性的主观感觉的形成是非常复杂的,其中大量来自于服装和外部环境的刺激,通过多渠道的感觉反应与人的大脑联系起来所形成。服装舒适性属于人体舒适感的一种,在形成过程中也存在物理过程、生理过程和心理过程三个过程,服装舒适性的主观形成过程如图 2-1 所示。[6]

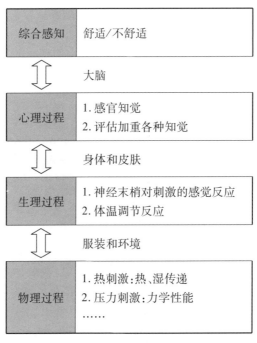

图 2-1　服装舒适性的主观形成过程

在实际穿着过程中,三个过程同时发生。物理过程遵循物理规律,决定着人体生存或舒适的物理条件。身体体温调节反应和皮肤神经末梢感觉反应遵循生理规律,体温调节和感觉系统对服装和环境的生理刺激做出反应,以确保合适的生理条件满足人体生存,同时将各种影响舒适状态的物理条件传达给神经中枢。心理过程最复杂,也是我们认识最少的。大脑需要将神经末梢传来的感觉信号与过去的经历、内心愿望和外部影响相对比,从而做出评价和权衡,以便形成主观知觉。

第二节 服装舒适性的评价体系

目前国际上对各种功能服装性能的评价,或者新产品的研制开发,常使用五级评价系统[7],如表2-1所示。

表2-1 功能性服装五级评价体系

五级	大规模的现场穿着试验
四级	有限现场穿着试验
三级	人体穿着试验(生理分析/主观评价)
二级	服装的生物物理分析(暖体出汗假人测试)
一级	织物皮肤模型试验(织物的物理分析)

第一级是织物皮肤模型试验,主要是利用试验仪器测量织物的一系列物理性能。测量内容包括热湿传递性能、机械力学性能、光学性能以及表面特征等,例如利用平板或圆筒仪测试材料的隔热与透湿性能。这些测量可以用来评估服装材料的质量和性能,为选择服装材料提供科学依据。另外,根据不同的用途,还可能对原辅料进行所要求的指标测试检验。

第二级是服装的生物物理分析,主要是利用暖体出汗假人对服装的热湿性能进行测试,结合预测模型,预测服装的适用范围,对服装进行功能性评价。织物制作成服装后,织物的有些指标是不能完全代表服装的指标的,如热阻和湿阻。因此须采用模拟人体热生理及具有人体体形特征的暖体假人对服装性能进行测试。

第三级是人体穿着试验。服装在设计和功能上是否符合实际要求,必须要通过人体穿着试验,才能真正获取实际的数据。一般情况下,人体穿着试验在受控的人工气候舱内进行。试验过程中,测试受试者的主要生理参数,记录受试者的主观感觉。通过人体穿着试验,可以验证第二级假人试验和模型预测的结果,对服装的舒适性、生理可接受性和耐受限度等做出评价,进一步提出服装的设计改进意见。这种人体穿着试验更安全,更精确,因为环境条件和人体条件都可以在试验里得到较为精确的控制。

第四级是有限现场穿着试验。对于普通服装,人体穿着试验主要用于消费者评估、市场检验、服装号型的基础性研究;对于特殊功能性服装,受试者穿着服装在实际使用场所进行工作,对服装的总体性能进行评价。

第五级是大规模现场穿着试验。这类试验主要针对功能性服装,通过大规模穿着试验,全面综合评价服装性能,为产品定型提供科学依据。普通服装不需要这类过程。

第三节 服装舒适性的评价方法

根据服装舒适性的形成过程和概念,服装舒适性的评价可以从不同的角度展开,目前有客观评价和人体穿着试验两种类型。

一、客观评价

服装及服装材料的热湿等性能是形成服装舒适性的物理基础,因此,可以通过测量服装材料或服装有关的性能来评价服装的舒适性。这种测量方法一般都要借助特定的测量仪器,测量结果重复性好,避免了测试人员的主观影响。

目前服装舒适性方面的客观评价主要有以下几个方面:

1. 服装材料的热湿性能的测量

服装材料的热湿性能与服装热湿舒适性密切相关,包括服装材料的透气性、热阻、湿阻等性能。这些性能都可以用相关的仪器进行测量,如可以用平板仪或圆筒仪进行服装材料的热阻测量。另外,服装材料的最大热流量与服装瞬间冷暖感相关,因此,可以通过服装材料的最大热流量的测量来评价服装的瞬间冷暖感,可以用 KES 测量仪器测试该指标。

2. 服装材料的力学性能的测量

服装的触感与服装材料的拉伸、剪切和弯曲等力学性能相关,可以通过 KES 或 FAST 两种仪器来测量服装材料的这些力学性能,从而评价服装的触感。

3. 服装热阻和湿阻的测量

服装的保温和透湿性能可以通过服装的热阻和湿阻来反映,利用暖体出汗假人可以完成这两项指标的测量。

4. 服装压力的测量

服装压力与服装运动舒适性相关,可以通过人体穿着,利用压力测量装置测量出人体某个部位的服装压力。

二、人体穿着试验

人体穿着试验是一种很重要的服装舒适性的评价方法,具有客观评价方法不可替代的作用。尽管暖体假人测量服装的热湿性能具有很多优势,但不能完全代替人。假人只是部分模拟了人体的热湿生理,它没有体温调节机制,没有情感的变化等,因此,服装舒适性研究中还须进行人体穿着试验。

人体穿着试验一般要求在人工气候室中进行。人工气候室是模拟大气环境的一种人工环境,可以实现不同的人体穿着环境。通过人体穿着试验,可以观察着装者在生理和心理上对服装性能的反应,从而评价服装的舒适性能。

（一）人体穿着试验的生理限度

人体穿着试验的生理限度是指受试者在接受试验时的有限程度。当试验条件苛刻时，人的感觉会超出其限度，这时应该指出并及时中止试验，使受试者恢复原状，以免发生危险。

（1）在高温环境中，核心温度的限度取决于其上升的程度及生理测量方法。在热积蓄速度较慢的情况下（<1℃/h），核心温度的限度为增加1℃或超过38℃，以先出现者为准。这个限度运用在下列几种情况下：① 间隙地测量核心温度；② 没有医护人员在场；③ 没有测量其他生理指标。当热积蓄速度较快时，该限度也同样适用。

（2）高温环境下，局部皮肤温度的最高限度为43℃。

（3）炎热环境中直肠温度将高于37℃，但当直肠温度高于39.5℃时应立即停止试验。

（4）在炎热环境中，如果受试者是年轻健康者，其心率的变化可从80次/min提高到160～180次/min，超过这个限度应立即停止试验。

（5）在寒冷环境中，如果受试者暴露在环境中，同一天应反复间歇地测量食道温度和直肠温度，其最低限度为36℃。

（6）寒冷环境下，局部皮肤温度的最低限度为15℃，尤其应注意四肢、脸部、手指和脚趾的温度不应低于该温度。

（二）人体穿着试验的分类

1. 生理学评价

生理学评价是指人体穿着服装，在特定的环境和活动水平下，通过测量人体的不同生理参数的变化来评价服装的舒适性。常用的人体生理参数有：平均皮肤温度、出汗量、代谢产热量、体核温度、血压和心率等。例如，可用心率、体核温度、平均皮肤温度、出汗量和蒸发率等指标评价服装的热湿舒适性。

人体生理指标因人而异，但其变化是有规律的，可以通过统计学方法来分析数据，因此，使用生理学指标来评价服装舒适性时，需要多个被试人员。

2. 主观评价

通过平板织物保温仪等仪器可以客观地评价织物的热湿性能，利用暖体假人可以科学地反映服装的热湿传递性能，这些都是服装舒适性中的客观因素，在服装舒适性中还包含着人体的心理因素。心理因素同样影响着服装的舒适性，甚至会影响服装穿着者的工作效率和生活质量。因此，在服装热湿舒适性研究中，还必须考虑人体穿着服装之后的主观感受，即必须通过主观感觉评价方法评价服装的舒适性。

主观评价属于心理学评价方法，在特定的环境和人体活动水平下，受试者穿着服装，根据个人的心理感受对穿着服装的舒适性进行评价。具体方法详见本章第四节。

第四节 主观评价方法

一、主观评价的步骤

主观评价可以用来评价不同类型的服装舒适性,其试验步骤可以概括如下:

(1)试验准备。

在这个阶段主要应完成以下几项工作:

① 制作好待评价的服装。

② 选择评价内容、相应的评价指标及其评价标尺。

③ 设计试验条件。

④ 根据评价目标设定人体的运动状态。

⑤ 选择试验对象。

(2)设置试验环境。

(3)进行试验,做好记录工作。

(4)数据处理。

二、心理学标尺

主观评价中的一项重要工作是建立感觉评价指标,这些指标通常用一组形容词来表示。服装工效学中常用的主观感觉评价指标如表2-2所示。

表2-2　服装工效学主观评价指标表

评价类别	评价指标
热湿感觉	冷、暖、热、闷、凉爽、湿、潮、黏、滑腻等
触觉感觉	硬挺、柔软、光滑、瘙痒、刺扎、静电等
合体感觉	紧、松、轻、重、合体、束缚感等

主观感觉评价时采用心理学标尺方法来对感觉划分等级。心理学标尺是一种由指定"数字"组成而赋予物体特征的测量,依据反映某方面真实性的原则进行。在服装舒适性的主观感觉评价中常用的标尺有Hollies的五级标尺和语义差异标尺。Hollies的五级标尺主要针对某一感觉的不同程度,表2-3是热感觉的五级标尺。

表 2-3 热感觉的五级标尺

标尺	1	2	3	4	5
感觉	没有热的感觉	温暖	稍热	热	非常热

语义差异标尺是感觉研究中常用的态度标尺。语义差异标尺由一系列两极比例标尺组成,其中每一标尺都是由一组反义词或一个极端词加一个中性词构成的。两极词的每段限定于若干分开条目的 5~7 个比例尺上。在服装舒适性研究中,Fritz 语义差异标尺具有典型意义,采用七级标尺,如表 2-4 所示。"3"在两端,代表极值;"0"在中间,代表"两者都不是"。表 2-5 是冷热感觉的语义差异标尺。

表 2-4 Fritz 语义差异标尺

标尺	3	2	1	0	-1	-2	-3
感觉特征	极值	非常	一定程度	两者都不是	一定程度	非常	极值

表 2-5 冷热感觉的语义差异标尺

标尺	3	2	1	0	-1	-2	-3
感觉	热	暖	稍暖	中性	稍凉	凉	冷

第五节 人体穿着试验实例

下面以评价运动装的热湿舒适性为例,介绍人体穿着试验的一般评价过程。

1. 招募受试者

一般生理试验须招募一定数量的受试者。这些受试者必须身体健康,且没有热疾病史,体型差异较小。试验前须记录受试者的年龄、身高、体重,从而计算皮肤表面积和 BMI 指数。受试者在试验前 3 小时内不能吸烟、饮酒、喝咖啡和饮茶等,试验前 12 小时内也不要进行剧烈运动。每个受试者在进行下一次试验前至少间隔一天。试验前,受试者还应该签署知情同意书。

2. 设计试验方案

试验方案包括运动时间、运动强度、运动方式等。根据代谢率确定运动强度,具体可参考 ISO 8996:2004。运动方式可根据具体模拟运动的状态设定,一般使用静坐,借助跑步机、功率车运动,以及其他具体模拟运动等。如图 2-2 所示,整个试验方案一般由运动阶段和休息阶段组成,可以采用单次循环或循环几次的方式,每个循环的运动时间和运动强度也可以不同。为了更好地评价运动装的热湿调节性能,可以采用间歇式运动方案,即在跑步机上以 5.4km/h 行走 40min,然后坐在椅子上休息 10min,接着以 10.8km/h 行走 20min,最后坐在椅子上休息 20min。

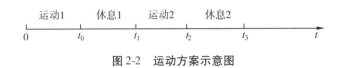

图 2-2　运动方案示意图

3. 确定测量指标

人体穿着试验中一般测量指标包括:

(1)服装相关的参数,主要包括服装吸汗量、服装内温湿度等。

为了测量服装吸汗量,必须测量每件服装在各运动阶段后的重量。本实例中,服装吸汗量测量的时间节点为 0、40min、50min、70min、90min。服装内温湿度可以采用温湿度传感器(如瑞士 MSR Electronic GmbH 的 MSR® 145 温湿度传感器)进行连续测量。

(2)受试者的生理指标,主要包括核心体温、皮肤温度、平均体温、心率、耗氧量、新陈代谢率、出汗量、蒸发汗液量等。

人体核心体温的测量方法有很多,目前比较方便、准确的方法是服用核心体温药丸,并用记录仪(美国 HQ Inc. 的 CorTemp®)实时采集人体直肠温度。一般要求受试者在试验前 3 小时服用药丸。为了计算平均皮肤温度,须采集人体不同点的皮肤温度,其测量采用温度传感器进行。本实例中,可以采用 Ramanathan 四点法测量,即测量胸部、上臂、大腿、后小腿的皮肤温度。为了更好地表征运动装的热湿调节作用,还可同时测量人体出汗较多部位的皮肤温度,如肩部、后背、腹部。平均体温可以根据核心体温和平均皮肤温度加权平均计算,具体分为热环境和冷环境两种。本实例采用 Hardy 和 BuBois 设计的公式计算热环境下的平均体温。心率采用 Polar® 心率带(芬兰 Polar Electro Oy)测量,并用核心体温监测仪 CorTemp® 记录。温度的数据采集频率可以自行设定,本实例设定为每 30s 测一次。耗氧量和新陈代谢率采用德国 Cortex Biophysik GmbH 公司的 MetaMax® 3B 心肺功能仪测量。一般在运动或休息阶段 10min 后,测量 5min 的数据用于计算耗氧量和代谢率。各时间节点的出汗量可以通过称量受试者在试验前后的裸体质量计算。一般须测量服装、设备(面罩、心率带、核心体温监测仪等)和受试者的质量。其中,在条件允许的情况下,受试者的质量测量应该采用精度为 1g 的体重秤,如瑞士梅特勒—托利多的体重秤 KCC150s。蒸发汗液量等于出汗量减去被服装吸收的汗液量和流淌的汗液量。流淌的汗液量可以通过装有石蜡溶液的容器收集,通过计算试验前后的质量差得出。

(3)记录受试者的主观感受,如冷暖感、舒适感、潮湿感、疲劳感等。冷暖感采用 9 级指标("-4"表示非常冷,"4"表示非常热),舒适感采用 4 级指标("0"表示舒适,"1"表示有点不舒适,"2"表示不舒适,"3"表示非常不舒适),潮湿感采用 4 级指标("0"表示中性,"1"表示有点湿,"2"表示潮湿,"3"表示非常湿),疲劳程度采用 Borg 15 级 RPE 评价指标。其中,冷暖感、舒适感、潮湿感包括全身和局部感受。主观感受一般在各运动和休息阶段的起始点询问受试者,也可以在各阶段开始后每隔一段时间询问一次。本例中,每隔 10min 询问一次主观感受。

4. 设定环境参数

根据待测试的运动装的穿着环境,明确人体穿着试验的环境参数,包括空气温度、相对湿度和风速等。根据空气温度和相对湿度可以计算水蒸气压,从而估算汗液蒸发能力。根据空气温度(高温、暖温、常温、低温)、环境湿度(高湿、中湿、低湿)、风速(强、中等、微风、无风），可以设定不同的环境条件。本实例要评价运动装在高温高湿条件下的热湿调节性能，将环境条件设定为：空气温度为 34℃，相对湿度为 75%，水蒸气压为 4.0kPa，风速为 0.4m/s。

5. 进行试验并记录试验数据

在试验准备阶段，可以测量服装、设备（面罩、心率带、核心体温监测仪等）和受试者的质量，然后让受试者穿好服装，安装并调试好所有测试仪器。所有准备工作完成后，就可以按照试验方案进行试验。在试验过程中要做好以下试验数据的记录工作：

（1）采用温湿度传感器连续测量服装内的湿度，并在各时间节点（0、40min、50min、70min、90min）分别测量服装的质量，计算服装吸汗量。

（2）测量受试者的生理指标。

（3）记录受试者的主观感受。

6. 处理试验数据

试验结束后，通过数据处理软件，如 SPSS、Origin 等软件分析并处理相关数据，如求测量指标的均值、标准方差等。

练习与思考

1. 简述服装舒适感的形成过程。
2. 简述服装舒适性的分类。
3. 简述服装五级评价体系。
4. 服装工效学中常用的主观感觉评价指标有哪些？
5. 简述 Fritz 语义差异标尺。

参考文献

［1］Hollies N R S, Goldman R F. Clothing Comfort：Interaction of Thermal, Ventilation, Construction and Assessment Factors［M］. Ann Arbor, Michigan：Ann Arbor Science Publishers Inc., 1977.

［2］Fanger P O. Thermal Comfort［M］. Copenhagen：Danish Technical Press,1970.

［3］Gagge A P,Stolwijk J A J, Nisbi Y. An effective temperature scale based on a simple model of human physiological regulatory response［J］. ASHRAE Trans., 1971,77:247 – 262.

［4］Gagge A P, Fobelets A P, Berglund L G. A standard predictive index of human response to the thermal environment［J］, ASHRAE Trans., 1986, 92：709 – 731.

［5］Slater K. Human Comfort［M］. Springfield, USA：Thomas Springfield Publisher,1985.

［6］李毅. 服装舒适性与产品开发［M］.北京:中国纺织出版社,2002.

［7］黄建华. 服装的舒适性［M］.北京:科学出版社,2008.

第三章

人体热生理

正常情况下，人体的体温是相对恒定的，约为37℃。当人体体温处于低温或高温时都会对人体产生伤害，甚至危及生命。维持人生存的极限体温，称为临界体温，人的临界体温最高不超过43℃，最低不低于25℃。[1]因此，人体体温相对恒定对于机体的正常生命活动是非常重要的。人体通过体温调节机制来控制机体的含热量，使机体的含热量处于一个动态平衡状态，即产热量与散热量平衡，从而维持体温相对稳定。人体只有在热平衡状态下才可能感觉舒适，当产热量大于散热量时，人体体温就会升高，人体就会感觉热；反之体温就会下降，人体感觉冷。人体热生理是研究服装热舒适性的生理学基础，只有了解和认识了人体的产热及热调节机制，才能科学地研究和评价服装的热舒适性。

第一节　能量代谢

一、能量代谢

新陈代谢是人体与外界环境之间的物质和能量交换以及体内物质和能量的转变过程[2]，是人体正常生命活动的最基本特征之一，包括合成代谢和分解代谢。合成代谢又称为同化作用，是指生物体把从外界环境中获取的营养物质转变成自身的组成物质，并且储存能量的变化过程。分解代谢又称为异化作用，是指生物体把自身的一部分组成物质加以分解，释放出其中的能量，并且把分解的终产物排出体外的变化过程。可见，在新陈代谢过程中，伴随着能量释放、转换和利用等过程，所以又称之为能量代谢。图3-1是人体体内能量释放、转移和利用示意图。

人体所需的能量来源于食物中的碳水化合物、脂肪和蛋白质。当这些物质在体内氧化时，分子式中的碳氢键断裂，生成二氧化碳和水，同时释放出能量。这些能量的50%以上迅速转化为热能，用于维持体温，并向外散热。其余的能量则以高能磷酸键的形式储存在体内,供机体利用。三磷酸腺苷(简写为 ATP)是体内最主要的含有高能磷酸键的有机化合物,人体所需的能量几乎都是 ATP 提供的,心脏的跳动、肌肉的运动以及各类细胞的各种功能都源于 ATP 所产生的能量。总之,人体在能量代谢过程中,除了骨骼肌运动所需的能量(机械能)之外,其余的能量都转化为热能。因此,体内的热量 Φ 可用公式(3-1)进行计算。

$$\Phi = M - W \tag{3-1}$$

式中:Φ 为人体内的热量,J;

　　　M 为人体的能量代谢量,J;

　　　W 为外部机械功,J。

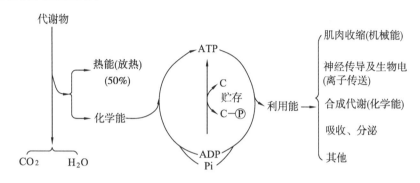

C:肌酸　Pi:磷酸　C—Ⓟ:磷酸肌酸

图 3-1　体内能量释放、转移和利用示意图

二、能量代谢率

为了减少个体差异对计算能量代谢的影响,通常用能量代谢率来表示能量代谢的多少。能量代谢率是单位时间的代谢量,单位为 $kJ/(m^2 \cdot h)$。

在计算能量代谢率时要求知道人体的体表面积。由于人体是不规则的三维形态,不能直接测量或计算,目前人体体表面积的获取主要通过测量和近似公式计算两种方法。

测量法主要有纸模法和石膏绷带法。这两种方法采用不同的操作,把人体的体表形态转换成可以计算的形式。纸模法就是将柔软的无纺棉纤维纸紧贴着人体的体表,然后展开这些纸片,利用面积仪计算展开纸片的面积。同理,也可以使用胶布等柔软物进行人体体表面积的测量。石膏绷带法是先在人体体表贴上石膏绷带,待石膏凝固到一定程度后,从人体的体表取下,取下的石膏内侧就和人体的体表完全一样,这时人体体表面积测量就转化为测量石膏模型的内侧面积的问题,测量的方法是在石膏内侧贴无纺棉纤维纸,然后展开测量。

尽管纸模法和石膏绷带法可以测量人体的体表面积,但方法比较繁琐。一般采用由人体质量和身高换算成体表面积的方法。由于不同地区人体体型的差异,由身高和人体质量换算成体表面积的公式也各不相同,国际上常用 Dubois 公式来计算欧美人的体表面积[3],用 Stevenson 公式及其修正公式计算中国人的体表面积[4-6]。

1. Dubois 公式

$$A = k \cdot w^{0.425} \cdot h^{0.725} \tag{3-2}$$

式中:A 为人体体表面积的数值,m^2;

w 为人体质量的数值,kg;

h 为人体身高的数值,m;

k 为不同人种常数。

2. Stevenson 公式

$$A = 0.006h + 0.00128w - 0.1529 \tag{3-3}$$

式中:A 为人体体表面积的数值,m^2;

w 为人体质量的数值,kg;

h 为人体身高的数值,m;

3. Stevenson 公式的修正公式

$$A = 0.00607h + 0.0127w - 0.0698 \quad (男性)$$
$$A = 0.00586h + 0.0126w - 0.0461 \quad (女性) \tag{3-4}$$

三、基础代谢

基础代谢是指人体在基础状态下的能量代谢。基础代谢率是指单位时间内的基础代谢,即在基础状态下,单位时间内的能量代谢。所谓基础状态是指人体处在清醒而又非常安静,不受肌肉活动、环境温度、食物及精神紧张等因素影响时的状态。基础代谢不是能量代谢的最小值,人体在睡眠时的代谢量比基础代谢还要小。测量人体基础代谢时要求人体处于清醒而又极端安静的状态,具体的条件是:

(1) 空腹;

(2) 卧位;

(3) 清醒状态;

(4) 室温20℃。

基础代谢率与人体质量、体表面积、性别、年龄、身体健康状态等因素有关。同样条件下,男性的基础代谢率平均值比女性高,儿童比成人高;年龄越大,基础代谢率就越小。表3-1是我国正常人的基础代谢率平均值,凡基础代谢率在正常值±15%之内都属于正常。[7]

表3-1 我国正常人的基础代谢率平均值　　　　　　　单位:kJ/(m^2·h)

年龄		11~15	16~17	18~19	20~30	31~40	41~50	50 以上
基础代谢率	男	195.53	193.44	166.22	157.85	158.69	154.08	149.06
	女	172.50	181.72	154.08	146.55	146.96	142.31	138.59

四、相对能量代谢率

为了评价不同人体在运动时的能量代谢情况,常采用相对能量代谢率(RMR)来表示,其计算公式为:

$$RMR = \frac{运动代谢量 - 安静代谢量}{基础代谢量} \tag{3-5}$$

安静代谢量是指机体为了保持其各部位的平衡及某种姿势所消耗的能量。安静代谢量测算是测试者于作业前或作业后平静地坐在椅子上进行的,其值大于基础代谢量。

生理学家已经得出正常情况下安静代谢量是基础代谢量的1.2倍。根据公式(3-5),就可以得到运动时的代谢量与相对能量代谢率的关系,即公式(3-6)。[8]

$$运动代谢量 = (RMR + 1.2) \times 基础代谢量 \tag{3-6}$$

五、能量代谢的测量方法

热力学第一定律(能量守恒定律)指出:能量在转化过程中既不会增加也不会减少。机体的能量代谢也遵循着这一普遍规律,即在整个能量转化的过程中,机体所利用的食物化学能与最终转化的热能和所做的外功按能量折算应是完全相等的。如果避免做外功,则在一定时间内机体产生的热量应等于这些食物在氧化时所释放的能量。能量代谢的测量方法通常有直接测量法和间接测量法两种。

(一)直接测量法

直接测量法是利用测热装置直接测定机体在单位时间内所散发的总热量。20世纪初,Atwater和Benedict设计了呼吸热流计,用来直接测量人体的能量代谢,其测量装置如图3-2所示。测量装置由隔热壁密封成一个房间,其中设有一个铜制的受试者居室。控制隔热壁与居室之间空气的温度,使之与居室内的温度一致,以防居室内的热量散失。这样,受试者身体所发散的大部分热量被居室内管道中流动的水所吸收。根据流过管道的水量及水温差,可计算出水吸收的热量。为了测量受试者由于不感知蒸发而散失的热量,该装置设有一套气泵管道系统,一方面可以定时地通过氧气筒向室内补给氧气,另一方面可以通过系统中装有的硫酸和钠石灰来吸收水蒸气和二氧化碳。机体散发的总热量可用公式"散发的总热量 = 水温上升度数 × 水量 + 水蒸气量 × 水的汽化热"计算。

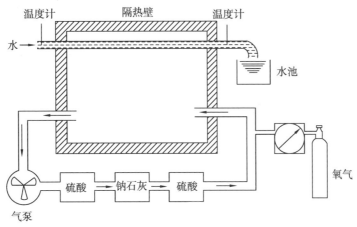

图3-2　人体能量代谢直接测量装置示意图

直接测量法的装置复杂,操作繁琐,使用不方便,而且不能测量人体劳动或活动时的能量代谢,所以在实际应用中很少使用。

(二)间接测量法

1. 测量原理

在化学反应中,反应物的量与产物的量之间成一定的比例关系,这称为定比定律。同一种化学反应,无论中间过程及条件有多大差异,这种定比关系是不变的。定比定律也适用于人体内营养物质氧化产能的反应,因此定比定律成为间接测热法的重要理论依据。根据定比定律,只要测出一定时间内人体中氧化分解的糖、脂肪和蛋白质各有多少,就可以测算出机体在该段时间内所释放的总热量。

2. 测定耗氧量及二氧化碳产生量

测定耗氧量与二氧化碳产生量主要有闭合式和开放式两种方法。

(1) 闭合式测定法。

闭合式测定法采用代谢率测定器(也称气量计)进行测定。该仪器是一种闭合式装置,受试者不断从气量计中摄取氧气,呼出的二氧化碳则被仪器内二氧化碳吸收剂所吸收,如图 3-3 所示。该装置的气体容器中装有氧气,受试者通过呼吸活瓣吸入氧气,此时气体容器的上盖随吸气而下降,并由连于上盖的描笔记录在记录纸上。根据记录纸上的方格可读出潮气量值。受试者呼出的气体通过吸收容器(呼出气中的二氧化碳和水可除掉)进入气体容器中,气体容器的上盖升高,描笔也随之升高。由于受试者摄取了一定量的氧气,呼出气体中的二氧化碳又被除掉,气体容器中的氧气量因而逐渐减少,描笔记录出曲线逐渐下降的过程。在一定时间内(通常为 6min),描笔的总下降高度就是该时间内的耗氧量。根据吸收剂在测试前后质量增加的情况,可知受试者在单位时间内二氧化碳的产生量。

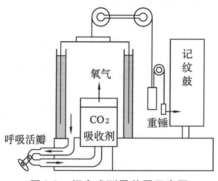

图 3-3　闭合式测量装置示意图

(2) 开放式测定法。

开放式测定法也称为气体分析法,是一种令受试者在呼吸空气条件下,测量其一定时间内氧气消耗量和二氧化碳产生量的方法。该方法的典型测量是多氏装置法,其原理是将受试者一定时间内的呼出气收集于气袋中,通过气量计测量呼出气量,用气体分析器分析呼出气中氧气和二氧化碳的体积百分比。由于吸入气体是空气,其中氧气和二氧化碳的体积百分比不必另测。根据吸入气和呼出气中氧气和二氧化碳体积百分比的差数,即可计算出该时间内机体的氧气消耗量和二氧化碳产生量。该方法可测定特定活动的能量消耗,也可测定基础代谢。但该设备体积大,难于携带,且短时间内气体在多氏袋内无法均匀混合,存在较大的测量误差。

心肺功能测试仪是一种新的能量代谢测量仪器,如德国 Cortex 公司生产的 METALYZER 3B 和意大利 Cosmed 公司生产的 K4b2,分别如图 3-4 和图 3-5 所示。Cortex 的心肺功能测试仪 META LYZER 3B 采用混合室气体测试法或每次呼吸测量法,对呼吸运动过程中气体的流量、氧气的浓度、二氧化碳的浓度及环境的温度、气压、心脏参数等技术参数进行实时数据采集,通过专业的分析软件,采用不同的分析方法来评定人体的心肺功能储备。Cosmed 公司的心肺功能测试仪 K4b2 是一种便携式、利用先进遥感技术对受试者呼出的气体进行实时监测的设备。它实时测量一定时间内受试者的呼气量,并同时测量现场空气中氧气和二氧化碳的浓度、气温和气压,计算标准状态下的呼气量,用呼出气与空气中氧气和二氧化碳的浓度乘以呼气量(标准状态),求出氧气的消耗量和二氧化碳的产生量,进而计算呼吸商;也可以同时收集受试者的尿量,测定该时期的尿氮排出量,计算出非蛋白质呼吸商。

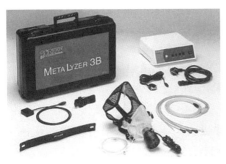
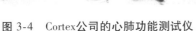

图 3-4 Cortex公司的心肺功能测试仪

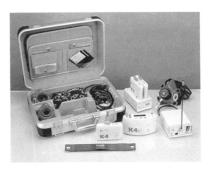

图 3-5 Cosmed公司的心肺功能测试仪

3. 计算产热量的常用参数和概念

根据间接测热法计算能量代谢时,在测得受试者二氧化碳产生量和氧气消耗量以后,还必须知道食物的卡价、氧热价及呼吸商等有关数据才能计算出产热量,表3-2 是三种营养物质在体内氧化时的几种数据。[9]

表 3-2 三种营养物质在体内氧化时的数据

	热价/(kJ/g)		O_2耗量 /(L/g)	CO_2产量 /(L/g)	呼吸商	氧热价 /(kJ/L)
	物理热价	生理热价				
糖	17.2	17.2	0.83	0.83	1.00	20.9
脂肪	39.7	39.7	2.03	1.43	0.71	19.7
蛋白质	23.4	18.0	0.95	0.76	0.80	18.8

(1) 食物的卡价。

食物卡价,也称热价,是指1g食物在体内完全氧化或在体外燃烧所释放的热量。卡价的常用单位是千卡(kcal),1kcal 是指将 1L 蒸馏水从 15℃加热到 16℃所需的热量。而国际单位制规定,能量的单位是焦耳(J),1kcal 等于 4.187kJ。食物的卡价分为物理卡价和生物卡价。物理卡价是指食物在体外燃烧所释放的热量;生物卡价是指食物在体内氧化所产生的热量。由于糖和脂肪在体内可以彻底氧化成二氧化碳和水,所以它们的物理卡价和生物卡价相等。蛋白质在体内不能彻底氧化,一部分以尿素的形式从尿液排出,所以蛋白质的生物卡价低于物理卡价。

(2) 食物的氧热价。

食物的氧热价是每消耗 1L 氧用以氧化某种营养物质所产生的热量。它可由食物的卡价和反应的定比关系推算。

(3) 呼吸商(RQ)。

呼吸商是在一定时间内机体内二氧化碳的产生量与氧气消耗量的比值。严格说来,应该以二氧化碳和氧气的摩尔比值来表示呼吸商,但是,由于1摩尔的各种气体在标准状态下体积相等,所以,通常都用体积数来计算,计算公式如下:

$$RQ = \frac{产生的二氧化碳毫升数}{消耗的氧气毫升数} \tag{3-7}$$

糖、脂肪、蛋白质在体内氧化时,它们各自的二氧化碳产生量和氧气消耗量不同,因而三者的呼吸商也不同。机体氧化每种营养物质时的呼吸商都可根据它氧化成终产物(二氧化碳和水)的化学反应式来计算。脂肪的呼吸商为0.71,蛋白质的呼吸商为0.80,糖的呼吸商为1.00,混合食物的呼吸商常在0.82左右。

(4)非蛋白呼吸商。

呼吸商可以反映体内3种营养物质氧化的比例,但由于蛋白质在体内氧化不完全,它分解时产生的氮在体内不能继续氧化,而从尿液排出。因此,必须了解非蛋白质代谢的呼吸商。非蛋白呼吸商($NPRQ$)是指糖和脂肪氧化时二氧化碳产生量和氧气消耗量的比值。这是估算糖和脂肪氧化比例的依据,而且,非蛋白呼吸商与氧热价之间有一定的比例关系,如表3-3所示。[9]

表3-3 非蛋白呼吸商与氧热价

非蛋白呼吸商	氧化百分比/%		氧热价/kJ
	糖	脂肪	
0.71	1.1	98.9	19.623 0
0.75	15.6	84.4	19.828 0
0.80	33.4	66.6	20.087 4
0.81	36.9	63.1	20.137 6
0.82	40.3	59.7	20.187 8
0.83	43.8	56.2	20.242 2
0.84	47.2	52.8	20.292 4
0.85	50.7	49.3	20.342 6
0.86	54.1	45.9	20.397 0
0.87	57.5	42.5	20.447 2
0.88	60.8	39.2	20.497 4
0.89	64.2	35.8	20.547 6
0.90	67.5	32.5	20.602 0
0.95	84.0	16.0	20.857 3
1.00	100.0	0.0	21.116 6

测定非蛋白呼吸商必须在测定机体总呼吸商的同时测定尿氮量,根据尿氮量来计算蛋白质的分解量。1g蛋白质氧化分解产生0.16g尿氮,若产生1g尿氮则有6.25g蛋白质分解,因此,测出尿氮后乘以6.25,就可以求出蛋白质分解的量。然后根据表3-2中有关数据就可以算出蛋白质分解时的氧气消耗量和二氧化碳产生量,从测得的总耗氧量和二氧化碳产生量中减去蛋白质分解时的氧气消耗量和二氧化碳产生量,即可计算得到非蛋白呼吸商。

4. 新陈代谢量的测算

(1)精确测算法。

根据尿氮含量计算出蛋白质的氧化量,然后根据蛋白质的热价求出蛋白质的产热量;从总的氧气消耗量和二氧化碳产生量中扣除蛋白质氧化时的份额,计算出非蛋白呼吸商,根据非蛋白呼吸商的氧热价,即可算出糖和脂肪的产热量;最后将蛋白质产热量和糖与脂肪代谢产热量相加,即得受试者在一定时间内的总产热量。

计算实例:某受试者24h的氧气耗量为400L,二氧化碳产生量为340 L(已换算成标准状态的气体体积)。另测定尿氮排出量为12g,求被试者的能量代谢。

解:

① 计算蛋白质代谢量:

氧化量 = 12 × 6.25 = 75(g)

产热量 = 18 × 75 = 1 350(kJ)

氧气消耗量 = 0.95 × 75 = 71.25(L)

二氧化碳产生量 = 0.76 × 75 = 57(L)

② 计算非蛋白代谢量:

氧气耗量 = 400 − 71.25 = 328.75(L)

二氧化碳产生量 = 340 − 57 = 283(L)

$NPRQ$ = 283 ÷ 328.75 = 0.86

非蛋白产热量 = 328.75 × 20.4 = 6 706.5(kJ)

③ 计算总的产热量:

产热量 = 蛋白质代谢产热量 + 非蛋白代谢产热量 = 1 350 + 6 706.5 = 8 056.5(kJ)

(2)简便测算法。

精确测算法步骤繁杂,应用不方便。在实际应用中常用简便测算法,用测得的一定时间内的氧气消耗量和二氧化碳产生量求出混合食物的呼吸商。一般情况下,体内能量主要来自糖和脂肪的氧化,蛋白质的因素可以忽略不计。因此,可将所测呼吸商认为是非蛋白呼吸商,从表3-3查出相应的氧热价,即可求得一定时间内的产热量。

六、影响人体能量代谢的因素

(一)食物的生热作用

人们在进食之后的一段时间内,虽然同样处于安静状态,但所产生的热量却要比进食前有所增加,食物能够使机体产生更多热量的作用,在生理学上称为食物的生热效应。[1]这种特殊的生热作用大约在进食1h后开始,延续时间为4~6h。目前对于食物生热作用的机理还不太清楚。据研究人员推测,肝脏的脱氨基反应可能是食物产生生热作用的主要原因。在人体消化吸收的氨基酸之中,有一部分成为细胞组织的构成成分,另一些则氧化成为热能或转化为糖。在此代谢过程中产生的热能为自由热能,该热能不能成为肌肉活动的能源,但在低温环境中,这部分热能可以用来维持体温,将等量的体内储存能节约下来,有利于对抗寒冷。反之,在高温环境中,这部分自由热能不仅不能被利用,而且必须被作为多余的热量来考虑。

(二)肌肉活动水平

人体在运动或劳动时须耗费大量的能量,这些能量来自大量营养物质的氧化,导致机体的耗氧量增大。人体任何轻微的活动都可提高代谢产热量,剧烈运动或重体力劳动时,代谢产热量可超过安静状态许多倍,最大可达 10 ~ 15 倍。因此可以用能量代谢率来评价人体活动强度,表 3-4 是不同活动状态下的能量代谢率。[1]

表 3-4 不同活动状态下的能量代谢率

活动		能量代谢率 [kcal/(m² · h)]	活动	能量代谢率 /[kcal/(m² · h)]
睡眠		35	打扫卫生(家庭)	100 ~ 170
安静坐着或看报		50	炊事工作	80 ~ 100
轻松站立		60	用手洗衣服	100 ~ 180
不负重 水平行走	速度/(km/h)		装订文件,查号对账	50 ~ 60
	3.2	100	办理支付汇款	60
	4.0	120	使用计算机	60
	4.8	130	做体操	150 ~ 200
	5.6	160	跳交谊舞	120 ~ 220
	6.4	190	打网球	230
上楼梯	坡度/% 速度/(km/h)		慢速游泳(速度为 27m/s)	315
	5 1.6	120	击剑	350
	5 3.2	150	拳击	360
	5 4.8	200	打篮球	380
	15 1.6	145	摔跤	435
	15 3.2	230	操纵飞船	88 ~ 146
	15 4.8	350	进行太空活动	233 ~ 292

注:能量代谢率按人体质量 65kg、身高 1.7m、体表面积为 1.71m² 的人体计算。

(三)环境温度

安静状态的人在环境温度为 20 ~ 30℃ 时,能量代谢比较稳定。当环境温度低于 20℃ 时,代谢量会增大。当环境温度高于 30℃ 时,代谢量也会增大,这可能是体内的化学反应过程加速等原因造成的。

(四)季节

不同季节的人体代谢产热量是不相同的。同样的活动水平,同样的气温条件下,冬季月份的代谢产热量比夏季月份要高。[1]

(五)精神因素

人处于精神紧张状态时,代谢产热量显著增加。[1]主要原因有两个方面:第一,骨骼肌的张力增加导致产热量增加;第二,精神紧张可引起内分泌腺激素分泌量增加,肾上腺素分泌量增多便是其中之一,这些激素具有加速物质代谢的作用,所以产热量增大。

第二节　人体体温

人体体温保持相对稳定是机体正常生命活动的前提条件。当外部环境或人体自身状态发生变化时,人体即通过自身的体温调节或行为调节来维持体温恒定。人体体温分布并不均匀,体内温度较高,比较稳定,被称为体核温度或核心温度,通常说的体温就是指体核温度。体表温度较低,受外部影响较大,被称为皮肤温度。体核温度和皮肤温度都是服装工效学中很重要的生理参数指标。

一、体核温度

（一）体核温度的概念及正常范围

人体内部各器官的温度也略有不同,通常取人体内部各器官温度的平均值作为体核温度。在人体各器官中肝脏温度最高,接近38℃,然后是大脑,但人体内部的血液循环使各部位温度趋于一致。一般情况下,体内温度是相对稳定的,各部分之间的差异较小[10],体内温度总是高于皮肤温度,而皮肤温度可随着环境气候和衣着情况的不同而发生变化,这种变化是为了维持体内温度的相对稳定。

由于人体体核温度不易直接测量,在实际工作中常用口腔温度、直肠温度和腋下温度来近似地表示体核温度。

1. 直肠温度

直肠温度比较接近体内温度的平均值,其平均温度为37.5℃左右,正常范围为36.9～37.9℃。测量直肠温度时,温度计应插入直肠6cm以上。

2. 口腔温度

口腔是广泛采用的测温部位。其优点是所测温度值比较准确,且操作方便。测量口腔温度时,温度计应置于舌下部。其平均值为37.2℃,正常范围为36.7～37.6℃,由于受到呼吸气流的影响,比直肠温度低0.2～0.3℃。

3. 腋下温度

腋下温度又比口腔温度低0.3～0.5℃,平均值为36.8℃,正常范围为36.0～37.2℃。

（二）体温的生理波动

人的体温相对稳定,但并不是一成不变的。在正常生理情况下,体温可随昼夜、性别、年龄等不同而有所变化,但变化幅度一般不超过1℃。

1. 昼夜波动

正常人(新生儿除外)的体温随昼夜变化呈周期性波动:清晨2:00～5:00时最低,午后2:00～5:00时最高,变化范围不超过1℃,一般为0.4～0.6℃。体温的这种昼夜周期性波动称为昼夜节律,是生物节律的一种。

2. 性别

成年女子的体温比同龄男子平均高约0.3℃。另外,女性基础体温还随月经周期而变动,在排卵前体温较低,并以排卵日最低,排卵后体温升高0.2～0.3℃,这是由于体内的孕激素有生热效应,在月经周期中体内孕激素水平呈现周期性变化所致。

3. 年龄

随着年龄的增长体温有逐渐降低的倾向,大约每增长10岁体温便降低0.05℃。

二、皮肤温度

皮肤温度是人体最外层的温度,是服装卫生学的重要指标之一。它既反映了人体冷热应激的程度,又可以判断人体通过服装与环境之间进行的热交换。[1]具体而言,皮肤温度可以反映出人体体内与体外间的热流量,也可以反映出人体在着装状态下皮肤表面的散热量与得热量间的动态关系。

(一)皮肤温度的分布

人体不同部位的皮肤温度相差较大,可在20~40℃之间波动。皮肤温度的高低主要取决于传热的血流量和皮肤、服装与环境间的热交换速度。皮肤温度的变化与血管舒缩关系十分密切,动脉血管扩张时,皮肤血流增加,皮肤温度升高;反之,则皮肤温度下降。当环境温度较低时不同部位皮肤温度的差异表现得更为明显。一般而言,人体四肢末梢皮肤温度最低,越接近躯干、头部,皮肤温度越高。

春、夏、秋、冬四季,因为着装方式及皮肤暴露面积不同,皮肤的温度也有变化。表3-5是成年男子在不同季节适宜着装时的皮肤温度情况。[1]

表3-5　成年男子适宜着装时皮肤温度的季节性差别　　　　　　　单位:℃

	环境气温	头	脸	颈	胸	腹	腰	上臂	前臂	手	大腿	小腿	足
春	15.0±2	31.4	32.2	34.3	34.1	34.8	35.0	32.8	30.2	26.0	31.2	30.0	25.0
	20.0±2	34.2	34.2	35.4	35.1	35.5	35.3	33.9	33.4	33.0	32.9	31.4	30.3
夏	26.5±2	34.9	34.9	35.2	35.0	35.0	35.2	34.1	34.6	35.0	33.6	33.3	34.8
秋	15.5±2	32.4	32.2	33.9	34.0	34.9	34.3	32.2	30.4	25.9	30.9	29.3	25.0
冬	7.0±3	28.8	29.3	33.6	34.0	34.5	34.3	32.2	27.4	18.5	28.9	27.2	20.1

(二)皮肤温度与冷热感觉的关系

在分析人体热平衡状态时,通常以皮肤温度、主观感觉等生理指标来综合评定冷热以及舒适程度。欧阳骅在《服装卫生学》一书中对此做了详细的描述,主要有以下几个方面:

(1)一般认为,在普通室温环境中处于安静状态以及在气温较低的环境中进行轻度活动的人,额部和躯干部的皮肤温度为31.5~34.5℃,并且没有不舒适的感觉。

(2)当衣着部位与裸露部位的皮肤温度相差小于2℃时,明显感觉热;当相差3~5℃时,感觉舒适。

(3)胸部和脚的皮肤温度相差超过10℃,就感觉凉;而胸部和脚的温度相差小于5℃,则感觉热。

(4)在评定人体冷热状态时,不仅要分析体温和平均皮肤温度,同时必须观察局部皮肤温度的临界值及各个部位皮肤温度之间的差值。如在寒冷环境中,如果手和脚的皮肤温度不断降低,躯干部的皮肤温度也缓慢下降,则说明服装不够御寒。

(5)穿着普通冬季服装、处于安静状态的人,手和脚的皮肤温度在20~23℃之间会感觉寒冷;当手和脚的温度达到10~13℃时,感觉疼痛;人体任何一处的皮肤温度下降到2℃这个临界值时就会感觉剧痛难忍。

（6）在高温环境中,利用皮肤温度作为舒适感觉和环境热作用强度的指标。评定这类指标只能允许在出汗之前。开始出汗,皮肤温度就不能反映温度感觉了。一般认为,皮肤温度34.5～35.5℃是出汗的临界温度。

（三）平均皮肤温度

由于人体皮肤温度分布很不均匀,常采用平均皮肤温度来表征人体皮肤温度。目前测量平均皮肤温度的方法主要有四种[11],根据测量目的、精度要求等方面的不同,可以选择不同的方法测量平均皮肤温度。在服装工效学中,主要是以面积加权方式计算平均皮肤温度,通常称加权平均皮肤温度为平均皮肤温度,其定义是机体各部位皮肤温度按各自所占机体表面积百分比的加权平均值,其计算公式如下:

$$t_s = \sum_{i=1}^{n} w_i \cdot t_i \tag{3-8}$$

式中：t_s 为平均皮肤温度,℃；

n 为测量点数总数；

w_i 为第 i 测量点的权重；

t_i 为第 i 测量点的温度,℃。

目前,国际标准化组织提出的平均皮肤温度测量方法主要有4点法、8点法及14点法,如图3-6所示,每一种方法中各测量点的面积系数如表3-6所示。除此之外,Ramanathan提出4点法,Hardy 和 Dubois 提出7点法。

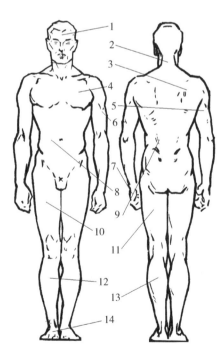

图3-6 皮肤平均温度测量点示意图

1：前额　2：颈部的背面　3：右肩胛　4：左上胸部　5：右臂上部　6：左臂上部

7：左手　8：右腹部　9：左侧腰部　10：右大腿前中部　11：左大腿后中部

12：右小腿前中部　13：左小腿后中部　14：左脚面

表3-6　人体平均皮肤温度测量点及其加权系数

序号	测量点	4 点	8 点	14 点
1	前额	—	0.07	1/14
2	颈部的背面	0.28	—	1/14
3	右肩胛	0.28	0.175	1/14
4	左上胸部	—	0.175	1/14
5	右臂上部	—	0.07	1/14
6	左臂上部	—	0.07	1/14
7	左手	0.16	0.05	1/14
8	右腹部	—	—	1/14
9	左侧腰部	—	—	1/14
10	右大腿前中部	—	0.19	1/14
11	左大腿后中部	—	—	1/14
12	右小腿前中部	0.28	—	1/14
13	左小腿后中部	—	0.2	1/14
14	左脚面	—	—	1/14

　　一般情况下测量的点数越多,越能够代表全身皮肤温度的变化情况,但是测量点数太多,尤其是在运动状态下测量比较困难。如果测量点数太少,在某些情况下不够准确。关于测量点的选择虽然没有统一的标准,但下面的两个原则可以帮助我们合理地选择测量点。

　　1. 根据环境温度选择测量点数

　　环境温度高时,全身皮肤中的血管扩张,皮肤温度比较均匀,测量点数可以在 4 个点左右;环境温度中等时,测量点数为 4 或 8 个;在低温寒冷环境中,全身皮肤温度相差悬殊,测量点应尽可能分布在全身不同部位,选择 8 或 14 个点。

　　2. 按照人体的运动状态确定测量的部位

　　安静时,四肢的加权系数不应小于 50%;当要测量的人体以腿部运动为主,且活动量较大时,下肢的加权系数可适当增大。

　　(四) 皮肤温度的测量方法

　　皮肤温度的测量主要有接触式和非接触式两种测量方法。非接触式测量主要是利用红外辐射传感器。利用红外测温仪可以在一定距离外测定受试者体表某点的温度。法国 ThermoFlash 公司的红外温度测量仪如图 3-7 所示,测量范围为 0～60℃,分辨力为 0.1℃。接触式测量就是把温度传感器直接放置在受试者的皮肤上测定皮肤温度,常用的温度传感器是热电偶或热敏电阻,图 3-8 是日本 AMI 温度传感器。

图 3-7　ThermoFlash 红外温度测量仪　　　　图 3-8　AMI 温度传感器

第三节　人体产热与散热

一、人体产热

机体各组织器官在新陈代谢时产生的热量是不相等的。当机体处于安静状态时,主要产热器官是内脏及脑等,其中肝脏产热量最多;当机体处于运动或劳动状态时,肌肉成为主要的产热器官。表3-7是几种组织器官在安静和活动状态下的产热量。凡能提高能量代谢的因素,都能使机体产热增加。在寒冷环境中,肌肉寒颤可使代谢量增加4~5倍。寒颤是机体在寒冷环境中增加产热的主要方式,在体温调节中具有重要意义。

表 3-7　几种组织器官在安静和活动状态下的产热量

组织器官	占体重的百分比/%	产热量/%	
		安静	运动
脑	2.5	16	1
内脏	34	56	8
肌肉、皮肤	56	18	90
其他	7.5	10	1

二、人体散热

人体通过与环境交换能量,保持人体的热平衡,从而使人体感觉舒适。如果人的代谢产热不能及时散去,那么,在1h内体温将升高18℃,这个后果是可想而知的。[1] 人体与环境热量交换的方式主要有传热、对流、辐射和蒸发。当人体处于散热状态时,通过传导、对流和辐射散失的热量称为干性散热,而通过蒸发散失的热量称为湿性散热。一般室温环境下(不出汗情况下),在人体的总散热量中,97%由辐射、传导、对流和蒸发方式散失,其余3%由呼吸、排尿、大便等生理过程散失。[1]

（一）传导

1. 基本概念

两个相互接触且温度不同的物体,或同一物体的各不同温度部分间在不发生相对宏观位移的情况下所进行的热量传递过程称为传导。[12] 传导是物质不发生移动,而热量从高温物体向低温物体转递的一种散热方式。

衡量物体传导能力的一个重要参数是导热系数 λ,其数值越大,物体导热性能就越好。其值大小与材料的几何形状无关,主要取决于组成材料的成分、内部结构、温度、压力。常用纺织材料的导热系数都比较小,一些纤维的导热系数如表 3-8 所示。[13]

表 3-8 20℃时各种材料的导热系数 单位:W/(m·℃)

材料	λ	材料	λ
棉	0.071 ~ 0.073	涤纶	0.084
羊毛	0.052 ~ 0.055	腈纶	0.051
蚕丝	0.050 ~ 0.055	丙纶	0.221 ~ 0.302
黏胶纤维	0.055 ~ 0.071	静止空气	0.027
醋酯纤维	0.050	水	0.697
锦纶	0.244 ~ 0.337	—	—

2. 传导散热量的计算

传导散热量的计算公式如下:

$$\Phi_{cd} = \lambda \cdot A_{cd} \cdot (t_s - t_1)/L \tag{3-9}$$

式中:Φ_{cd} 为传导散热量,W;

λ 为所接触物体的导热系数,W/(m·℃);

t_s 为皮肤平均温度,℃;

t_1 为所接触物体的温度,℃;

A_{cd} 为有效传导面积,m^2;

L 为接触物体的厚度,m。

(二)对流

1. 基本概念

对流散热是随液体(如水)或气体(如空气)等流体的移动而传递热量的一种接触散热方式,也就是说通过流体的流动,使流体与所接触的物体表面发生热量的转移。对于人体而言,皮肤就是物体的表面,水或空气是流体。

对流传热过程实际上包含传导和对流这两个过程,就其传热量的大小来说,单纯的空气分子传导热量很小,而由对流传热则较大,所以对流传热是主要的。对流散热分为自然对流和强迫对流两种类型。因流体温度不均而造成的流体的移动称为自然对流;强迫对流是由外在其他原因造成的流体的移动。

在环境空气自然对流的情况下(风速小于 0.1m/s),从人体脚部开始包围着一层空气薄膜,这层黏附在皮肤表面或服装表面的空气接近静止不动,称为边界层,其对流方式属于自然对流。靠近皮肤(或衣服)表面的静止空气温度较高,由此往远温度递降,离开人体体表一定距离后,空气温度等于环境温度。[1]

2. 对流传热的计算

按照传热学定律,由人体体表通过对流方式传递给空气的热量与人体表面积及表面温度和空气温度之差成正比[1],如式(3-11)。

$$\Phi_{cv} = \alpha \cdot A_{cv} \cdot (t_s - t_a) \tag{3-10}$$

式中:Φ_{cv} 为对流散热量,W;

α 为对流散热系数,W/(m^2·℃);

t_s 为皮肤平均温度,℃;

t_a 为环境温度,℃;

A_{cv} 为有效对流面积,m^2。

α 的取值,取决于对流类型。对于低风速(静止空气),以自由对流的方式产生热交换,此时对流散热系数可由下式来计算。

$$\alpha = 2.38 \cdot (t_s - t_a)^{0.25} \tag{3-11}$$

式中:α 为对流散热系数,$W/(m^2 \cdot ℃)$;

t_s 为皮肤平均温度,℃;

t_a 为环境温度,℃。

强迫对流时,对流散热系数是风速的函数,其计算公式如下:

$$\alpha = 12.1 \cdot \sqrt{v} \tag{3-12}$$

式中:α 为对流散热系数,$W/(m^2 \cdot ℃)$;

v 为环境风速,m/s。

(三)辐射

1. 基本概念

辐射是一种以电磁波形式传递能量的非接触的传热方式。作为热交换的基本形式之一,辐射不依赖于任何介质且持续不断进行。人体各个部位的皮肤温度通常在 15 ~ 35℃ 之间,所发射的红外线属于中红外和远红外区间,90% 以上的波长为 6 ~ 42μm。辐射散热量的大小只取决于物体的表面温度和黑度。

人体皮肤的辐射散热主要取决于皮肤表面的形状和血流情况,与皮肤的颜色关系不大。研究表明,人体皮肤的黑度接近黑体,通常不考虑皮肤的颜色,其黑度都可以按照 0.99 计算。

2. 辐射传热计算

人体向周围环境的辐射传热量可以用公式(3-13)来计算。[13]

$$\Phi_r = 4 \cdot \varepsilon \cdot \sigma \cdot f_r \cdot [(t_s + t_r)/2 + 273]^3 \cdot (t_s - t_r) \tag{3-13}$$

式中:Φ_r 为辐射散热量,W;

σ 为 Stefan-Boltzmann 常量,取值为 $5.67 \times 10^{-8} W/(m^2 \cdot K^4)$;

ε 为皮肤的黑度;

f_r 为着装人体有效辐射面积比,即减除腋下、臀股沟间等相互辐射后的体表面积与总体表面积之比,一般取值 0.70 ~ 0.85;

t_s 为皮肤平均温度,℃;

t_r 为环境平均辐射温度,℃。

当人体穿着服装后,辐射散热的 3 个基本参数:黑度、表面辐射温度和有效辐射面积会发生变化。除了黑色衣服以外,其他衣服表面的黑度都小于皮肤的黑度。由于衣服在人体与环境之间起隔热作用,所以衣服外表面温度与环境温度及衣服的厚度有关。当环境温度低于 35℃ 时,衣服外表面温度比皮肤温度低,而比环境温度高。当环境温度高于 35℃ 时,衣服外表面温度可能高于皮肤温度。服装的外表面积比皮肤面积大,其大小决定于衣服的式样和厚度。生理学和卫生学界通常以衣服的隔热值来计算衣服的外表面积。

（四）蒸发

水由液态变成气态的物理过程称为蒸发。蒸发可以发生在任何温度下。人体的皮肤表面、呼吸道黏膜及肺泡壁的表面都会发生蒸发过程，由于水分在蒸发时需要吸收热量，因此，人体蒸发可以散失热量，该过程称为蒸发散热。蒸发是维持人体热平衡的重要途径，特别是在高温环境或人体运动时，蒸发是人体最有效的散热途径。单位质量的水蒸发所吸收的热量称为潜热，表3-9是不同温度下水的蒸发潜热值。[1]

表3-9 0~45℃时水的蒸发潜热值

温度/℃	蒸发潜热/（kJ/kg）	温度/℃	蒸发潜热/（kJ/kg）
0	2 490	25	2 440
5	2 480	30	2 430
10	2 470	35	2 420
15	2 460	40	2 410
20	2 450	45	2 400

蒸发散热量的多少与水分的蒸发量及散热系数相关，计算公式如下：

$$\Phi_e = \alpha \cdot G \qquad (3\text{-}14)$$

式中：Φ_e 为蒸发散热量，W/m²；

α 为水蒸发散热系数，20℃时为0.68W·h/g；

G 为人体表面的蒸发量，g/（m²·h）。

人体体表的蒸发分为不感知蒸发和感知蒸发两种形式。

1. 不感知蒸发

在舒适状态下，人体也会在皮肤表面和呼吸道持续蒸发水分，这种蒸发人体感觉不到，称为不感知蒸发，有时也称为非显性蒸发。不感知蒸发是人体组织间液体水分直接透过皮肤或肺泡表面而形成的蒸发。不感知蒸发不受人体体温调节中枢的控制。

人体不感知蒸发程度如果以体重的减少量来衡量，平均为23g/（m²·h），其中呼吸道蒸发约占30%，皮肤蒸发约占70%。在20℃时，1g水蒸发散热量为0.68W，那么一个人一天内的不感知蒸发散热量就与一个质量50kg、体表面积1.6m²的成人体温下降12.3℃所散失的热量相当。[8]

人体不同部位的不感知蒸发量是不同的，足底和手掌的水蒸气压最大，不感知蒸发量也最大，其次是面部、颈部和胸部，其他部分较小。

2. 感知蒸发

感知蒸发也就是常说的出汗。出汗分为精神性出汗、味觉性出汗和温热性出汗三种类型。

（1）精神性出汗和味觉性出汗。

人由于精神紧张、情绪激动或受到惊吓而发生的出汗现象，称为精神性出汗。精神性出汗主要集中在手掌、脚底及腋窝等处，出汗无潜伏期，会突然发生。味觉性出汗是指人食用酸辣等食物后，在脸部等处出汗。精神性出汗与味觉性出汗在人体体温调节中意义不大，一般在服装热湿舒适性研究中不予考虑。

（2）温热性出汗。

　　温热性出汗是指在炎热环境中,除手掌和足底以外的全身其他区域中的汗腺分泌汗液。另外,人体在运动时,也会产生温热性出汗。人体汗腺分为大汗腺和小汗腺。大汗腺数量相对较少,主要分布在腋窝和下腹部等处。人体汗腺主要是小汗腺,主要分布于人体皮肤表面,有 200 万~300 万个。手掌和脚掌密度最大,其次是头部,四肢最少。各人出汗情况也不相同,84% 的人胸部、上肢和下肢出汗量不相等,只有 16% 左右的人全身出汗较均匀。一般而言,颈、胸、背和手出汗较多,成年男性比女性出汗量多,表 3-10 是人体不同部位的出汗量。[1]

表 3-10　人体不同部位的出汗量　　　　　　　　　　　　　　单位:mg/10cm²

环境条件	安静状态 5min 的出汗量					
	额	胸	背	手	大腿	脚
荫处(30℃)	0.6	5.6	2.5	1.3	0.6	0
阳光下(33℃)	2.5	2.5	14.4	2.5	0.6	3.8

　　温热性出汗是受人体体温控制中枢控制的出汗形式,是人体在高温环境中一种有效的散热途径。当环境温度低于29℃时,人体以传导、对流和辐射散热为主,蒸发散热以不感知蒸发为主。当环境温度高于 29℃ 时,传导、对流和辐射散热迅速减少,而蒸发散热开始增加,当环境温度达到 36℃ 时,蒸发散热是仅有的散热途径。[13]

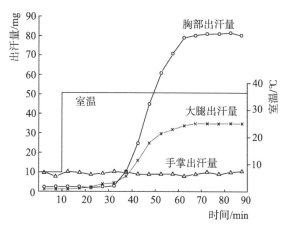

图 3-9　人体出汗量与时间的关系

　　温热性出汗与精神性出汗不同,具有潜伏期和渐进性。图 3-9 是人体从低温环境进入高温环境时,人体某些部位的出汗量与时间的关系。[8] 人体进入高温环境后,不是马上出汗,而是有一段潜伏期,该时间大约是 20min,然后是全身各部位同时出汗。出汗潜伏期随季节的不同而不同,冬季出汗潜伏期要长于夏季。

　　当人体出汗不多时,汗液完全蒸发,皮肤表面没有残留的汗液。但随着出汗量增加,汗液来不及蒸发,整个皮肤表面被汗液浸湿。此时,一部分汗液继续蒸发,有助于人体散热,这部分汗量称为有效汗量;当附着在皮肤表面的汗量达到一定限度后,在重力作用下,汗液沿着人体体表向下流淌,流淌下来的汗量称为流淌汗量;其余的汗量附着在人体的体表,称为附着汗量。

　　3. 影响出汗的因素

　　(1) 人体因素。

　　新陈代谢的强弱影响着人体的出汗。新陈代谢增强,刺激体温调节中枢引起血管扩张,全身出汗量增加。人体活动强度越大,出汗量就越大。[14]

　　人体出汗率与皮肤平均温度成正比。一般认为,人体的皮肤平均温度达到某个临界值时,人体就会出汗,大多数人的出汗临界平均皮肤温度为 34.5℃ ,少数人为 35℃ 。[1]

研究表明,降低皮肤的湿润率,能够增加出汗量。[14]

（2）环境因素。

环境中的湿度、温度和风三个基本参数都会影响人体的出汗。人体在安静状态下,环境温度在(30±1)℃时就开始出汗,出汗量与环境温度成正比,温度越高,出汗量越大。

环境湿度越大,蒸发散热就越困难,这就会进一步刺激体温调节中枢,增大出汗量。在评价蒸发散热时,水蒸气压是一个重要的参数,因为汗液蒸发来源于体表的水蒸气压与空气中的水蒸气压之差,该数值越大,蒸发速度越快,反之,蒸发速度就越慢。

风能够加速水蒸气的扩散,有利于体表汗液的蒸发,蒸发散热量增大,体表温度下降,则出汗量减少。

（3）服装因素。

服装是影响出汗的一个重要因素,其影响程度取决于服装的透湿和隔热性能。

第四节　人体体温调节系统

一、人体热平衡

所谓人体热平衡是指人体产热量与散热量处于平衡状态,这是维持人体体温相对恒定的基本条件,如图3-10所示。体内的蛋白质、脂肪和糖氧化产生热量,通过传导和血液流动把热量传递到体表。人体通过传导、对流、辐射和蒸发向环境传递热量。当体内产热改变或环境发生变化,正常的体热平衡受到破坏时,人体将产生一系列的生理反应和行为动作来调节人体产热或散热速率,维持人体的热平衡,保持体温相对恒定。

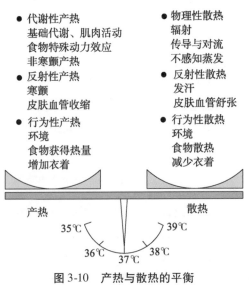

图3-10　产热与散热的平衡

二、人体体温调节

人体的体温调节就是人体的产热、散热与体内热交换过程的调节过程,可以分为生理性调节和行为性调节。生理性调节是机体自身的调节,其调节能力是有限的。在生命的进化过程中,人类为适应大自然多变的温度环境,逐渐建立起行为性体温调节,以弥补机体自身调节的不足。

（一）行为性调节

行为性调节包括姿态改变、场所迁移、服装更换。随着科学技术的发展,行为性体温调节的作用显得更为重要。人类利用科技成就制造出许多装备(如航天服装、极地服装等),不但能在地球上的特殊环境中从事工作,而且可以进入外层宇宙空间。

（二）生理性调节

生理性调节就是人体自身的调节,人体通过自身的热调节系统来调节体温。要在一定的环境温度范围内维持体温的相对稳定需要两个重要的条件[15]:第一,拥有一个有力的效应系统,即要有足够的代谢产热和各种影响体表散热的途径;第二,能随体温和环境温度的变化,准确而快速地调节产热和散热。也就是说,必须用灵敏的方法来统一协调各种体温调节的效应机制。人体热调节系统基本具备了上述两个重要的条件。人体热调节系统由外周和中枢温度感受器、体温调节中枢、效应器等构成,从控制论的观点来看,可以看作一个基于负反馈原理的闭环控制系统,如图3-11所示。

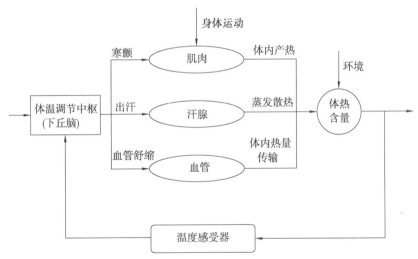

图3-11　人体体温调节示意图

人体热调节过程可简单描述如下:分布在人体不同部位的外周温度感受器和中枢温度感受器将感受到的温度信号传入人体温度调节中枢;体温调节中枢把接收到的温度信号进行综合处理后,向体温调节效应器发出相应启动指令;效应器则根据不同的控制指令进行相应的控制活动:血管的扩张和收缩、肌肉运动、汗腺活动等。

1. 温度感受器

温度感受器是人体热调节系统的重要组成部分,为体温调节中枢感受器输送温度信息。温度感受器根据其分布可分为外周温度感受器和中枢温度感受器。

外周温度感受器是指存在于中枢神经系统以外的温度感受器,分布在全身皮肤、黏膜、内脏、肌肉及大静脉周围等处。根据对温度感受范围的不同,分为温觉感受器和冷觉感受器,它们都是游离的神经末梢。当皮肤温度升高时,温觉感受器兴奋;而当皮肤温度下降时,冷觉感受器兴奋。一般而言,当皮肤温度在30℃时,人体产生冷觉;而皮肤温度在35℃左右时,人体产生温觉。

中枢温度感受器是指中枢神经系统内对温度敏感的神经元,分布在下丘脑、脊髓、延髓、脑干网状结构及大脑皮层运动区等处,包括热敏神经元和冷敏神经元。热敏神经元在局部组织温度升高时放电频率增大,在视前区—下丘脑前部中该神经元较多。冷敏神经元在局部组织温度下降时放电频率增大,在脑干网状结构和下丘脑的弓状核中该神经元较多。

2. 体温调节中枢

生理学研究表明,体温调节中枢的基本部位是下丘脑。大量的试验证明:视前区—下丘脑前部是体温调节的中枢整合关键部位。视前区—下丘脑前部发出指令,通过调节机体产热和散热使体温维持平衡。

调定点学说认为体温的调节类似于恒温器的调节。视前区—下丘脑前部有个调定点,调定点有自身规定的数值(如37℃)。如果体温偏离此规定数值,则由反馈系统将偏差信息输送到控制系统,然后通过对受控系统的调整来维持体温的恒定。如果视前区—下丘脑前部局温度恰是37℃,则热敏神经元和冷敏神经元的放电活动是平衡的。若局部温度高于37℃,则冷敏神经元放电频率减小,热敏神经元放电频率增大,结果使散热增多,产热减少,导致体温不致过高;反之,局部温度在37℃以下时,热敏神经元放电频率减小,而冷敏神经元放电频率增大,导致产热增加,散热减少,使体温回升。

3. 效应器

效应器可根据体温调节中枢的指令完成相应的动作,从而调节人体的产热和散热情况来控制人体的温度。效应器的生理活动主要包括汗腺活动、血管扩张和收缩、肌肉运动。

(1)汗腺活动。

人体的汗腺分为大汗腺和小汗腺两种。大汗腺分布在腋下、阴部区域及手脚,它们对体温调节性出汗不起明显的作用;小汗腺广泛分布在全身,总数约250万个,由交感神经支配,只在受到刺激时分泌汗液。当环境温度高于体表温度或体表温度高于体内深层温度时,皮肤血管扩张的散热机制即告失效,此时体表的汗液蒸发就成为身体向外界散热的唯一途径。

(2)血管扩张和收缩。

人体组织的导热系数一般都比较小,所以血液的对流传热是体内不同部位之间热量传递的主要途径。从传热学的观点出发,如果将血液对流传热作用折合成对组织导热系数的修正,可以发现,组织中血流量的大小直接影响从人体核心到体表的温度梯度,从而改变人体的散热情况。

在低温环境中,为了防止人体核心温度的降低,身体表层的血流受到抑制。这时皮肤层的血管收缩,血流量减少,身体表层2~3cm处的导热性能与软木类似,从体核向体表的传热减少。在高温环境中,须加强皮肤散热,防止体核温度过高。这时身体表面的血管扩张,血流量加大,在某些部位可达最低血流量的 100 倍。血流量的增加提高了皮肤表面的温度,促进了对流和辐射传热。

（3）肌肉运动。

当血管运动的调节不能弥补寒冷引起的散热增大,仅靠基础代谢产热又不足以维持体温时,肌肉运动开始加强以增加产热防止体温下降。当体温低于某一临界值时,身体就会出现寒颤。所谓寒颤就是原来参与运动的骨骼肌发生不由自主的持续的收缩。这种肌肉运动不对外做功,收缩所产生的能量大部分转换为热量,从而防止体温进一步下降。寒颤能使产热量比基础状态时增加 2～3 倍。

寒颤导致产热量增加,使皮肤血管扩张,皮肤温度也随之上升,可以保护皮肤组织免受冻伤。但在寒颤时,肌肉节律性的收缩会引起皮肤振动,而皮肤振动加强了皮肤表面空气的流动,从而增大了皮肤表面的对流散热。此外,寒颤还将导致肌肉层血流量的增加,使肌肉层的绝热性下降,增加了体核向体表的散热。

练习与思考

1. 名词解释:新陈代谢、能量代谢率、基础代谢、平均皮肤温度、人体热平衡。
2. 简述人体新陈代谢的测量方法。
3. 简述影响人体新陈代谢的因素。
4. 叙述皮肤温度与人体热感觉的关系。
5. 简述人体散热途径。
6. 人体体温调节机制是什么?

参考文献

[1] 欧阳骅. 服装卫生学[M]. 北京:人民军医出版社,1985.

[2] 魏润柏,徐文华. 热环境[M]. 上海:同济大学出版社,1994.

[3] ASHRAE. ASHEAE handbook-Fundamentals(SI ed.)[M]. Atlanta:American Society of Heating, Refrigerating, and Air-Conditioning Engineers Inc., 2005.

[4] Stevenson P H. Height-Weight-Surface formula for the estimation of surface area in Chinese subjects[J]. 中国生理学杂志, 1937,3:327-330.

[5] 赵松山,刘友梅,姚家邦,等. 中国成年男子体表面积的测量[J]. 营养学报,1984,6(8):87-95.

[6] 赵松山,刘友梅,姚家邦,等. 中国成年女子体表面积的测量[J]. 营养学报,1987,9(3):200-207.

[7] 宋亚军. 人体生理学[M]. 济南:山东大学出版社,2001.

[8] 田村照子. 衣环境の科学[M]. 东京:建锦社株式会社,2004.

[9] 范少光,汤浩,潘伟丰. 人体生理学[M]. 北京:北京医科大学出版社,2000.

[10] 陈东生. 服装卫生学[M]. 北京:中国纺织出版社,2000.

[11] 张辉,周永凯. 服装工效学[M]. 北京:中国纺织出版社,2009.

［12］张奕.传热学［M］.南京:东南大学出版社,2004.

［13］张渭源.服装舒适性与功能［M］.北京:中国纺织出版社,2005.

［14］Nadel E R,Stolwijk J A J. Effect of skin wittedness on sweat gland response［J］. Journal of Applied Physiology, 1973,35(5):689－694.

［15］袁修干.人体热调节系统的数学模拟［M］.北京:北京航空航天大学出版社,2005.

第四章

服装热传递

在人体-服装-环境三者之间复杂的热交换过程中,服装在人体与环境之间既有保温的作用,又有隔热防暑的作用。在寒冷的环境条件下,服装发挥保温的作用,减少人体体热的散失,从而维持人体体温相对恒定。当环境温度高于人体温度时,环境中的热量通过辐射和对流传至人体体表,然后经血液循环传入体内,此时人体只有出汗才可以维持体热平衡。裸体状态下,高温环境通过辐射和对流把热量传递给人体,所以体温升高更快。服装具有良好的隔热效果,在高温环境中可以有效减少人体从环境中得热。

第一节　织物的热传递性能

一、热能在织物中的传递

传热是自然界中普遍存在的物理现象,无论是在同一介质内部还是不同介质之间,只要存在温度差,就会导致热能从高温处向低温处传递。同样的道理,当服装内外存在温度差时,就会发生热能的流动。在寒冷的环境中,服装外侧的温度低于内侧的温度,热能由里向外传递,为了维持人体的热平衡,此时服装要能够起到减缓热量散失的作用,从而实现保暖的目的。在炎热的气候条件下,服装外侧的温度高于内侧的温度,此时,热能由外向内传递,服装起隔热防暑的作用。

事实上,织物是由纤维和空气组成的异构系统,织物中存在大量微小的气孔。因此,当织物两边存在温度差时,热能在织物中的热传递不仅包括通过纤维及其周围的空气进行热传导,还包括通过织物内的空气进行热辐射和对流。

二、织物传热性能指标

织物的传热性能对服装整体传热性能有着重要的影响,评价织物传热性能的指标主要有导热系数、热阻、传热系数和保暖率。

（一）导热系数

根据热力学中傅立叶导热定律,单位时间内热传导的导热量与温度梯度、传热面积成正比,即：

$$Q = \lambda A \frac{\Delta t}{\Delta d} \tag{4-1}$$

式中：Q 为单位时间内通过织物所传递的热量,W；

λ 为导热系数,W/(m² · ℃)；

A 为织物的面积,m²；

d 为织物厚度,m；

$\frac{\Delta t}{\Delta d}$ 为温度梯度,℃/m。

当织物的热传导达到稳定状态时,温度梯度可视为不变。如果织物包覆在平板状发热体表面,则导热系数 λ 是当织物厚度为1m、表面积为1m²、织物两边温差为1℃时,单位时间内由织物一面以热传导方式传递给另一面的热量。

导热系数反映了织物的导热能力,导热系数越大,表示织物导热性能越好,织物保暖性能越差；反之,导热系数越小,表示织物的导热能力越低,织物的保暖性能越好。

（二）热阻

在稳定的传热状态下,根据式(4-1)可以求得单位时间内通过单位面积的散热量 q：

$$q = \frac{Q}{A} = \frac{\Delta t}{\dfrac{d}{K}} \tag{4-2}$$

式(4-2)类似于电学中的欧姆定律,q 相当于电流,Δt 相当于导体两端的电压,则 d/K 相当于导体的电阻,称为织物的热阻,用 R 表示,单位是℃·m²/W,则式(4-2)可改写成下式：

$$R = \frac{\Delta t}{q} \tag{4-3}$$

式中：R 为织物热阻,℃·m²/W；

Δt 为织物两侧的温度差,℃；

q 为单位面积的热流量,W/m²。

根据式(4-3),织物热阻是织物两面的温差与垂直通过织物单位面积的热流量之比,表明了织物阻碍热量通过的能力,热阻越大,热量就越难通过,其保温性能就越好。

热阻的测量可以避免织物厚度测量带来的影响,当多层织物叠加在一起时,其整体热阻是各层织物热阻之和,图4-1是三层织物传热示意图。

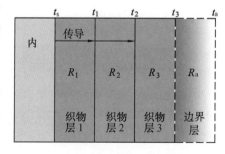

图 4-1　三层织物传热示意图

R_1、R_2、R_3 和 R_a 分别代表第1、2、3层织物及边界层空气的热阻；t_s 是织物层1的内侧温度,t_1、t_2 和 t_3 分别是织物层1、织物层2和织物层3的外侧温度,同时,也是织物层2、织物层3和边界层的内侧温度,t_a 是环境空气的温度。设 q_1、q_2、q_3 和 q_4 是通过各层织物及边界层的热流

量,则根据式(4-3)可以求得 q_1、q_2、q_3 和 q_4:

$$q_1 = \frac{t_s - t_1}{R_1}, q_2 = \frac{t_1 - t_2}{R_2}, q_3 = \frac{t_2 - t_3}{R_3}, q_4 = \frac{t_3 - t_a}{R_a} \tag{4-4}$$

即:$q_1 \cdot R_1 = t_s - t_1, q_2 \cdot R_2 = t_1 - t_2, q_3 \cdot R_3 = t_2 - t_3, q_4 \cdot R_a = t_3 - t_a$

根据传热学原理,在稳定传热状态下,通过各层织物单位面积的热流量相等,即 $q_1 = q_2 = q_3 = q_4$。设 $q = q_1 = q_2 = q_3 = q_4$,将上述各式整理得:

$$q = \frac{t_s - t_a}{R_{cl} + R_a} \tag{4-5}$$

式中:q 为从织物层 1 内侧通过多层织物传递到周围环境的热流量,$\mathrm{W/m^2}$;

t_s 为皮肤平均温度,℃;

t_a 为环境温度,℃;

R_{cl} 为各层织物的热阻之和,$\mathrm{℃ \cdot m^2/W}$;

R_a 为边界层空气的热阻,$\mathrm{℃ \cdot m^2/W}$。

（三）传热系数

传热系数就是热阻的倒数,是织物内外表面温差为 1℃ 时,通过单位面积的热流量,单位为 $\mathrm{W/(m^2 \cdot ℃)}$。

（四）保暖率

除了采用热阻和导热系数来表示织物的热传递性能之外,还可以采用保暖率来表示织物的热传递性能。保暖率是指热体无试样覆盖时的散热量和有试样覆盖时的散热量之差与热体无试样覆盖时的散热量之比的百分率。采用不同的测量方法,该定义会有所不同。

第二节　织物传热性能的测量

可以使用平板式织物保温仪测量织物的热阻和保暖率,使用冷却法测定织物的保暖率。

一、恒温法

平板式保温仪是采用恒温法测量织物热阻的一种仪器。仪器由实验板、保护板、底座、发热装置、温度控制装置等构成,图 4-2 是平板式织物保温仪示意图。实验板由与人体皮肤黑度接近的薄皮革制成,散热面积为 25cm × 25cm。试验时将试样正面朝上覆盖整个实验板,实验板、底板及周围的保护板采用电加热的方式加热至相同的温度(36℃),维持该温度不变,由于实验板与保护板及底座的温度相同,所以实验板的热量只能通过织物向上传递。记录有无试样时保持实验板恒温所需的热量,就可以计

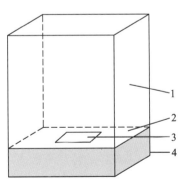

1：玻璃罩　2：保护板

3：实验板　4：底座

图 4-2　平板式织物保温仪示意图

算出织物的保暖率、热阻等传热指标。

（一）织物保暖率

织物保暖率是指实验板无试样时的散热量和有试样时的散热量之差与实验板无试样时的散热量之比的百分率,其计算公式如下式所示:

$$保暖率 = \frac{Q_0 - Q_1}{Q_0} \times 100\% \qquad (4\text{-}6)$$

式中: Q_0 为无试样时的散热量,W;

Q_1 为有试样时的散热量,W。

（二）织物传热系数

织物传热系数的计算公式如式(4-7)所示[1]:

$$U_f = \frac{U_0 U_1}{U_0 - U_1} \qquad (4\text{-}7)$$

式中: U_f 为试样的传热系数,W/(m² · ℃);

U_0 为无试样时实验板的传热系数,W/(m² · ℃);

U_1 为有试样时实验板的传热系数,W/(m² · ℃)。

其中有无试样时实验板的传热系数分别由式(4-8)和式(4-9)计算。

$$U_1 = \frac{Q_1}{A(t_b - t_{af})} \qquad (4\text{-}8)$$

式中: U_1 为有试样时实验板的传热系数,W/(m² · ℃);

Q_1 为有试样时的散热量,W;

t_{af} 为有试样时罩内空气平均温度,℃;

t_b 为实验板平均温度,℃;

A 为实验板面积,m²。

$$U_0 = \frac{Q_0}{A(t_b - t_a)} \qquad (4\text{-}9)$$

式中: U_0 为无试样时实验板的传热系数,W/(m² · ℃);

Q_0 为无试样时的散热量,W;

t_a 为无试样时罩内空气平均温度,℃;

t_b 为实验板平均温度,℃;

A 为实验板面积,m²。

（三）织物热阻

织物试样的热阻就是传热系数的倒数,其计算公式如式(4-10)所示:

$$R = \frac{1}{U_f} \qquad (4\text{-}10)$$

式中: R 为试样的热阻,m² · ℃/W;

U_f 为试样的传热系数,W/(m² · ℃)。

二、冷却法

平板式织物保温仪可以定量地测量织物的热阻和传热系数,但存在测量时间长等问题。

如果无须定量地分析织物的热阻等热传递指标,只需定性地比较织物的保温性能,可以选择冷却法测量织物的保暖率。冷却法的测量原理是将织物覆盖在发热体上,发热体只能通过织物散热,以冷却时间或冷却速度来评价织物的传热性能。图4-3是冷却法的试验装置示意图。

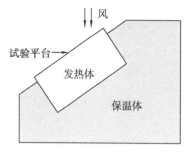

图4-3　采用冷却法的织物保暖仪示意图

在标准的试验环境中,将发热体加热到36℃以上,织物试样的尺寸为18cm×18cm,上方有3m/s的气流使其冷却,记录有无试样时发热体从36℃冷却到35℃所需的时间,或者在一定的时间内下降的温度,计算出保暖率。

（一）由所需时间计算保暖率

$$保暖率 = \frac{T_1 - T_0}{T_1} \times 100\% \qquad (4-11)$$

式中：T_0 为无试样时发热体温度下降1℃所需要的时间,min;

　　　T_1 为有试样时发热体温度下降1℃所需要的时间,min。

（二）由温差计算保暖率

$$保暖率 = \frac{t_0 - t_1}{t_0} \times 100\% \qquad (4-12)$$

式中：t_0 为无试样时发热体冷却一定时间后下降的温度,℃;

　　　t_1 为有试样时发热体冷却一定时间后下降的温度,℃。

第三节　服装传热原理与热阻

在人体与环境的热交换中,服装既发挥保温作用,又起到了隔热防暑的作用。在寒冷的气候下,服装能够阻断人体大部分的辐射热,减少了人体因辐射而散失的热量;另外,服装材料及包含在材料中的静止空气的导热系数很小,具有很好的保温效果,可以显著地降低服装内表面到外表面的热传递。在高温环境中,环境温度高于人体温度,这时环境中的热量就会通过辐射和对流传递给人体,服装此时就起隔热防暑的作用。服装的保温与隔热效果是由服装的传热性能决定的。

一、服装传热原理

从人体皮肤到环境的传热过程是很复杂的,包含服装材料本身的导热以及服装之间空气层和皮肤与服装之间空气层的热传递过程。前面介绍的三种传热方式都会存在,同时还存在蒸发散热。为了研究方便,人们对服装传热过程进行了抽象和理想化处理,提出了服装传热模型。[2]图4-4是服装传热模型示意图,该模型可以很好地表示服装的传热,目前很多关于服装热湿传递的研究都基于此模型。

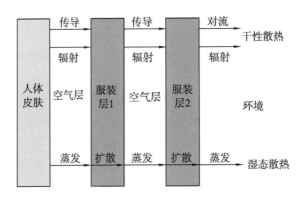

图 4-4　服装传热模型示意图

如果不考虑服装间和皮肤与服装间的空气层的话,图 4-4 还可以进一步简化,此时服装与人体之间以及服装之间紧密接触,这相当于人体穿着紧身服装的情况。但有时这个模型与人体实际穿着的情况存在很大的差异。当人体在运动、环境气流速度很大或服装较为宽松时,人体与服装之间以及服装间除了辐射和传导外,还存在对流散热,而且这些空气层也会与周围的环境发生对流散热。另外,如果服装材料比较蓬松,材料内部会存在辐射散热。为了反映服装的综合传热性能,方便对服装的热性能进行科学合理的评价,人们提出了服装热阻的概念。根据织物热阻的定义,服装热阻就是服装内外两面温度差与垂直通过服装单位面积的热流量之比,其计算公式如式(4-3)所示。

二、服装热阻

织物热阻不能完全反映服装的传热性能。因为服装的热阻包含更多的因素:① 织物本身的传热性能;② 服装与人体间的空气层;③ 服装与人体的合身程度;④ 人体的运动引起衣内空气层的流动。因此服装的热阻不能用织物的热阻代替。

根据前面介绍的服装热阻的定义,通过服装单位面积的热流量与服装两面的温度差成正比,与热阻成反比。该物理量可以直接指示出加热所需的能量,但不便于记忆和理解服装的隔热值。目前国际上习惯用克罗来表示服装热阻。

（一）克罗的定义

1941 年美国学者 Gagge 等人提出克罗(clo)的定义,在气温 21℃、湿度 50% 以下、风速 0.1m/s 的室内,安静坐着或从事轻度脑力劳动的成年男子感觉舒适,能将皮肤平均温度维持在 33℃ 左右时所穿的服装的隔热保温性为 1clo。此时人体的代谢产热量约为 58.15W/m²。

该定义将生理参数、心理参数和环境条件结合起来,不仅能够反映服装材料本身的隔热性能,还能有效反映服装的面积、款式、尺寸、合身性对服装整体隔热效果的影响。用克罗值来描述热阻可以区分同一材料做成不同服装所造成的不同隔热效果。克罗这一单位已在军队、航空航天等研究系统和国际工商界被广泛使用。

（二）克罗与热阻单位的关系

克罗与热阻间的关系可以根据热阻的定义求得。按照 Winslow 和 Gagge 的观点,身体

与环境的热平衡过程,可以用下面的式子来表示:

$$\Delta\Phi = M - \Phi_c - \Phi_r - \Phi_e - W \tag{4-13}$$

式中:M 为代谢产热量,W/m^2;

　　　Φ_c 为传导和对流散热量,W/m^2;

　　　Φ_r 为辐射散热量,W/m^2;

　　　Φ_e 为蒸发散热量,W/m^2;

　　　W 为对外做功所消耗的热量,W/m^2;

　　　$\Delta\Phi$ 为身体的热积蓄,W/m^2。

$\Delta\Phi > 0$,则体温上升;$\Delta\Phi < 0$,则体温下降;$\Delta\Phi = 0$,则人体感觉舒适,即不热不冷。

根据克罗的定义,式(4-13)中 $\Delta\Phi = 0$,$W = 0$。设人体干性散热为 Φ_d,湿性散热为 Φ_e,则式(4-13)可改写成下面的式子:

$$M = \Phi_d + \Phi_e \tag{4-14}$$

由式(4-14)可以求得干性散热量。在克罗定义中所设定的环境条件下,一个静止且保持舒适状态的人,其蒸发散热占人体散热量的 25%,其余 75% 为干性散热,由此可以求得 Φ_d 的数值:$\Phi_d = 0.75 \times 58.15 = 43.61(W/m^2)$。根据热阻的计算公式(4-3),可以计算出此时人体所穿服装的热阻 R:

$$R = \frac{33 - 21}{43.61} = 0.275(\text{℃} \cdot m^2/W) \tag{4-15}$$

热阻 R 是服装自身的热阻 R_{cl} 和服装表面静止空气层的热阻 R_a 之和。在风速为 0.1m/s 时 $R_a = 0.12\text{℃} \cdot m^2/W$,则可以求得服装的热阻 R_{cl},计算如下:

$$R_{cl} = R - R_a = 0.275 - 0.12 = 0.155(\text{℃} \cdot m^2/W) \tag{4-16}$$

因此,克罗与热阻的关系就可以表示如下:

$$1clo = 0.155\text{℃} \cdot m^2/W \tag{4-17}$$

一些常用服装的隔热值如表4-1所示。[3]

表 4-1　常用服装的隔热值　　　　　　　　　　　单位:clo

服装		隔热值		服装		隔热值	
	短裤	0.05			裙子(半身)	0.13	
	汗衫	0.06			裙子(全身)	0.19	
		薄	厚			薄	厚
	短袖衬衫	0.14	0.25		短袖衬衫	0.10	0.22
	长袖衬衫	0.22	0.29		短袖运动衫	0.15	0.33
男服	短袖运动衫	0.18	0.33	女服	长袖运动衫	0.17	0.37
	长袖运动衫	0.20	0.37		短袖毛线衣	0.20	0.63
	毛线背心	0.15	0.29		长袖毛线衣	0.22	0.69
	夹克式上衣	0.22	0.49		短罩衫	0.20	0.29
	长裤	0.26	0.32		夹克式上衣	0.17	0.37
	—	—	—		长裤	0.26	0.44

(三)服装热阻的测量

因为服装不是均匀地覆盖在人体的体表,服装之间有重叠,且人体穿着服装后,在服装与人体间形成一定厚度的空气层,因此,服装的热阻和服装用织物热阻是不一样的,织物热阻不能全面反映服装的传热性能。绝大多数情况下,织物热阻要远远小于用其制作的一套服装的热阻。为了合理准确地评价服装的传热性能,必须测量服装的热阻。服装热阻的测量须使用与人体尺寸相当的暖体假人测量系统。

使用暖体假人测试服装热阻的基本过程是:给假人穿上服装,测量电能消耗,然后计算服装热阻。在测定过程中暖体假人的体表温度维持在一定的数值,如33℃。服装热阻受很多因素影响,为了便于研究,服装热阻的测量一般都在人工气候室中进行。有关用暖体假人测试服装热阻的具体内容将在本书的第六章中介绍。

第四节　影响服装热阻的因素

影响服装热阻的因素有很多,主要包含服装材料、服装结构与款式、人体与环境因素等。

一、服装材料

服装材料对服装热阻的影响主要是通过其自身的热阻反映的,不同类型织物的热阻值相差非常大。织物热阻主要是由构成织物的纤维热性能及其纤维集合体的形态决定的。纤维导热系数决定了纤维的导热特性,导热系数小,则隔热性能就好。从表3-8可以知道,常用纺织纤维的导热系数都比较小,但都大于静止空气,因此,含有静止空气的纤维隔热性能就好。在实际应用中,人们为了提高化学纤维的隔热性能,开发了多种不同类型的中空纤维。

不管是机织、针织还是无纺织物,都可以看成是纤维或纱线的集合体。在该集合体中,存在着一定数量的空隙,这些空隙中充满了空气。热量通过织物时,实际上是通过纤维与空气的混合体系,其中空隙中的空气对织物热阻的影响很大,超过了纤维本身。织物中包含有空气的特性称为含气性,通常用含气率来衡量织物中所含空气的多少,所谓含气率是指一定体积织物中含有的空气量的体积百分比。[4]一般情况下,含气率大的织物其热阻也大。

影响织物含气率的因素很多,主要有纤维品种、纤维的卷曲、纱线毛羽、织物中的气孔形态等因素。[4,5]

二、服装结构与款式

(一) 服装的覆盖面积

服装覆盖面积的大小对服装热阻值的影响很大,同样一件服装在增加对人体的覆盖面积时对热阻的影响比单纯增大厚度要大。[2]被服装覆盖部分的人体表面积与人体总表面积的比值称为人体表面覆盖率,该值反映了服装覆盖面积的大小。一般情况下,人体表面覆盖率增大,服装的热阻也增大,如图4-5所示。

（二）服装的合身和松紧程度

服装的合身和松紧程度决定了人体与服装间及服装各层间的空气层的厚薄，服装内的空气层直接影响服装的热阻。宽松服装的热阻要优于紧身服装，这主要是因为宽松服装能在衣下形成静止的空气层，这些空气层能起到很好的隔热效果，而紧身服装几乎紧贴着身体，没有空气层。

图4-6和图4-7是通过平板仪来测试衣下空气层对服装保温性能影响的研究。[6]图4-6的测试条件为四周开

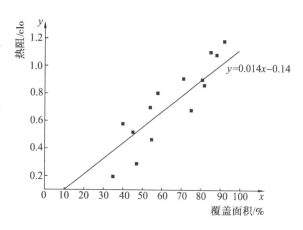

图4-5　服装热阻与覆盖面积的关系[7]

放，图4-7的测试条件为四周封闭，其结果是不一样的。衣下空气层未被密封时，随着空气层增大，服装的保暖率逐渐升高；当空气层增大到一个极值后，织物的保暖率反而下降，即服装的保暖率存在一个极大值，此时所对应的衣下空气层厚度称为最佳空气层厚度。热阻下降的原因是空气层过大发生空气对流现象。最佳空气厚度取决于服装材料性能、服装的合身程度和环境气流。不同织物的最佳空气层厚度不一样，材料透气性能越差，最佳空气层厚度越大。衣下空气层四周密闭，对流难以发生，保暖率极大值可以在很大范围内保持。

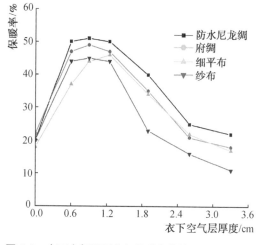

图4-6　衣下空气层厚度与保暖率的关系（四周开放）

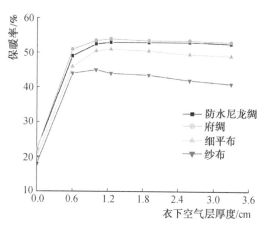

图4-7　衣下空气层厚度与保暖率的关系（四周密封）

（三）服装的开口

衣领、袖口、下摆、门襟等衣下空气的进出口，称为服装的开口。这些开口的大小、方向和位置影响着服装内热、湿和空气的移动。服装开口可以分为上开口、下开口和水平开口等。服装的开口对服装热阻的影响主要是通过烟囱效应、台灯效应和风箱效应来实现的。所谓烟囱效应就是衣内的热空气通过上开口溢出，从而大大增大了人体的散热。人们感觉热时敞开衣领、冷时关闭衣领就是利用了衣领的烟囱效应。台灯效应是指热气流沿腋下而溢出，这种效应主要发生在袖口部分。风箱效应就是人体在运动时，使服装与服装之间及人体与服装之间的空间大小发生变化，就像风箱一样强制衣内的空气流动，其结果也是增大人

体的散热。

（四）服装的层数

在服装厚度相同的情况下，穿着多件服装的热阻要比穿着单件服装大。这是因为随着服装件数增多，服装之间的静止空气层增多，而静止空气层具有比服装更好的保温性能。但随着服装件数增多，多件服装所表现出来的总热阻要小于单件服装的热阻之和，其原因主要是服装间及人体与服装间的静止空气层被压缩，同时散热面积也增大。[7]

在穿着多层服装时，为了使服装具有更好的保温性能，外层的服装应该宽松些，避免压缩内层的服装，破坏衣下静止空气层，从而降低多层服装的保温效果。另外多层着装时，服装的穿着顺序也会影响服装的热阻。

三、人体因素

服装热阻是利用暖体假人测试系统测量得到的。测试时假人处于静止状态，也就是说服装穿着在假人表面之后，服装的形态就固定下来。但服装穿着在活动的人体上后，服装的状态就会随着人体的运动而发生变化，其保温性能也会发生相应的变化。

（一）人体运动

人体运动能够使服装的热阻显著降低[8]，主要有两个原因：① 人体运动产生相对风速，也就是前面提到的强制对流；② 人体运动使衣下空气层对流加强，通过风箱效应散热增强。

（二）人体姿势

人体与服装间及服装各层间的空气层随着人体姿势的不同而发生变化，从而导致同样一件服装在不同的姿势下其热阻值是不同的。服装热阻的测量通常是采用站姿，而坐姿测量的服装热阻会下降15%。

四、环境因素

（一）环境温度的影响

环境温度会使空气层及纺织纤维的导热系数发生变化。环境温度升高，空气层的导热系数增大，这主要是因为空气的密度降低了。例如，在20℃时，空气的密度为 1.205kg/m^3，当气温降到 $-20℃$ 时，空气的密度增加到 1.370kg/m^3。研究表明，环境温度对服装热阻的影响很小，在实际使用过程中可以忽略不计。[9]

（二）风速的影响

环境中的风会使服装热阻降低。风对服装热阻的影响主要表现在以下几个方面：① 增强了服装开口部位内外空气的对流；② 气流直接渗透到服装内部，破坏衣下和服装材料中纱线间的静止空气层；③ 风也可能压缩服装的某些部位，使这些部位的衣下空气层变薄；④ 风使服装外表面的边界层变薄，导致边界层热阻降低，如图4-8所示。在低风速时，风主要是通过改变边界层的热阻来影响服装的热阻；高风速时，对流、渗透和压缩影响增大。

研究表明，当风速为 0.7m/s 时，服装总热阻较无风时降低15% ~ 26%；当风速为4.0m/s 时，服装总热阻较无风时降低34% ~ 40%。[10]

（三）大气压的影响

随着海拔高度增加，大气压力降低，空气密度减小，边界层的热阻有所增加，如图4-8所示。

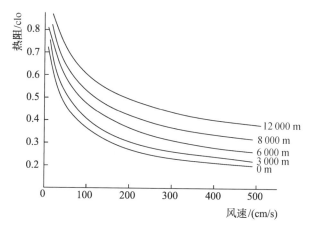

图4-8　边界层热阻与风速、海拔高度之间的关系

例如，风速为100cm/s，在海平面，边界层的热阻为0.38clo，在海拔高度为6 000m时，边界层的热阻为0.5clo。

练习与思考

1. 名词解释：热阻、传热系数、织物保暖率、克罗。
2. 简述平板式保温仪的测量原理。
3. 简述冷却法测量织物保暖率的原理
4. 理解服装材料热阻与服装热阻的区别。
5. 影响服装热阻的因素有哪些？

参考文献

［1］黄建华. 服装的舒适性［M］. 北京：科学出版社，2008.

［2］McCullough E A，Jones B W，Ruck J. A comprehensive data base for estimating clothing insulation［J］. ASHRAE Transactions，1985，91（2）：29 – 47.

［3］欧阳骅. 服装卫生学［M］. 北京：人民军医出版社，1985.

［4］成秀光. 服装卫生学［M］. 金玉顺，高绪珊，译. 北京：中国纺织出版社，1999.

［5］弓削治. 服装卫生学［M］. 宋增仁，译. 北京：中国纺织出版社，1984.

［6］田村照子. 衣环境の科学［M］. 东京：建锦社株式会社，2004.

［7］Huang J H. Assessment of clothing effects in thermal comfort standards：A review［J］. Journal of Testing and Evaluation，2007，35（5）：455 – 462.

［8］Vogt J J，Meyer J P，Candas V，et al. Pumping effects on thermal insulation of clothing worn by human subjects［J］. Ergonomics，1983，26（10）：963 – 974.

［9］闫琳. 服装隔热性能的测试与分析［J］. 合肥工业大学学报,1998,21（S1）: 72 – 78.

［10］Havenith G, Heus R, Lotens W A. Resultant clothing insulation: a function of body movement, posture, wind, clothing fit and ensemble thickness［J］. Ergonomics,1990,33（1）: 67 – 84.

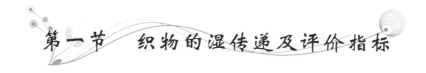

第五章

服装湿传递

在中等热环境或寒冷环境中,人体通过对流、传导、辐射和蒸发来维持人体的体温相对恒定,服装的热阻是维持人体热平衡的主要因素。在寒冷环境中,当人体运动时,人体的产热量增大,汗液蒸发散热也会发挥重要作用,此时服装的透湿性能是不可忽视的。而当人体处于高温环境时,对流和辐射不能有效散热,甚至还有可能从环境中得热,此时,蒸发是人体唯一的散热途径。如果水蒸气能够及时通过服装扩散到环境中,人体会感觉舒适。反之,服装阻碍水蒸气的通过,使得人体与服装间微气候中的湿度增大,当水蒸气积累到一定程度后就凝结成水,此时人体的蒸发受到抑制,产生黏湿、闷热等不舒适感。因此,在炎热环境中或人体运动时,服装的透湿性能对于维持人体的热平衡是非常重要的。

第一节　织物的湿传递及评价指标

一、织物湿传递理论

热力学第二定律表明,湿空气中水蒸气浓度(或水蒸气分压)不均匀而呈现梯度时,水蒸气将由高浓度的区域向低浓度的区域扩散。根据该定律,当织物两边存在水蒸气压差时,就会发生水蒸气的扩散现象。水蒸气在织物中的传递主要有四个途径: ① 水蒸气透过纱线与纱线间的空隙; ② 水蒸气在纤维中传递; ③ 水蒸气在纤维与纤维间的空隙中传递; ④ 水蒸气在织物表面屈曲波所形成的空隙中传递。

当织物两边的水蒸气压差稳定时,可以用费克第一扩散定律来描述水蒸气的传递过程。在稳定扩散状态下,费克第一扩散定律用公式可以表示如下[1]:

$$g = \frac{D\Delta C}{R} \tag{5-1}$$

式中: g 为水蒸气传递量,g/(cm^2·s);

ΔC 为水蒸气浓度差，g/cm³；

D 为水蒸气在空气中的扩散系数，cm²/s；

R 为扩散阻抗，cm。

二、织物透湿性能的评价指标

（一）蒸发阻抗

蒸发阻抗也称湿阻，是织物两边的水蒸气压差除以压力梯度方向单位面积上的蒸发散热量所得的值[2]，其计算公式是：

$$R_e = \frac{\Delta P}{q} \tag{5-2}$$

式中：R_e 为蒸发阻抗，m² · Pa/W；

ΔP 为织物两边水蒸气压差，Pa；

q 为蒸发散热量，W/m²。

湿阻反映了织物对蒸发传热的阻力大小，织物蒸发阻抗小，说明织物透湿性好，有利于人体的蒸发；反之，织物的透湿性能差，抑制人体的蒸发。

（二）扩散阻抗

扩散阻抗反映了织物对水蒸气扩散的阻力，是研究人员常用的一个评价织物透湿能力的指标。扩散阻抗越大，说明织物对水蒸气扩散的阻力越大。

在评价织物的扩散阻抗时常用等效静止空气层厚度来表示，也就是说用与织物有相同的水蒸气扩散阻抗的静止空气层的厚度来表示，单位是 cm，用 R 表示。该等效静止空气层的厚度 R 可以用费克方程来计算，根据公式(5-1)可以得到扩散阻抗（等效静止空气层厚度）R 的计算公式：

$$R = \frac{D\Delta C}{g} \tag{5-3}$$

用公式(5-3)计算扩散阻抗时，必须要知道水蒸气在空气中的扩散系数 D 及织物两面的水蒸气浓度差 ΔC，然后通过试验测得单位时间单位面积的透湿量，具体试验参见第六章。下面是关于上述两个参数的计算方法。

1. 水蒸气扩散系数 D

水蒸气扩散系数 D 的数值与水蒸气的绝对温度 T 和水蒸气压 P 有关[3]：

$$D = 2.23 \times 10^4 \cdot \left(\frac{T}{273}\right)^{1.75} \cdot \frac{1}{P} \tag{5-4}$$

如果试验环境温度 t_a 在 0～50℃之间，公式(5-4)可简化成：

$$D = 0.22 + 0.00147 t_a \tag{5-5}$$

2. 织物两面的水蒸气浓度差 ΔC

织物两面的水蒸气浓度差与织物两面的水蒸气压 P_1 和 P_2，相对湿度 ϕ_1 和 ϕ_2 及温度 T_2 和 T_2 有关，其关系如下：

$$\Delta C = 2.17 \times 10^{-6} \cdot \left(\frac{P_1\phi_1}{T_1} - \frac{P_2\phi_2}{T_2}\right) \tag{5-6}$$

若服装两面的温度相同，而湿度不同，则织物两面的水蒸气浓度差的数值可以用下式计算：

$$\Delta C = 2.17 \times 10^{-6} \cdot \left(\frac{\Delta P}{T} \right) \tag{5-7}$$

式中：ΔP 为服装两面的水蒸气压之差，Pa。

等效静止空气层厚度具有可加性，这样就可以很方便地计算出多层服装材料的扩散阻抗，即各层服装材料本身的扩散阻抗加上材料之间空气层的扩散阻抗就可以得到整个多层服装材料的总阻抗。应该注意的是，公式(5-3)计算得到的阻抗包含服装材料本身的扩散阻抗和服装材料表面的静止边界层的扩散阻抗两个部分。

第二节　织物透湿性能的评价方法

织物的透湿性能通常采用透湿杯法来测量，基本原理就是将放有吸湿剂或蒸馏水并用织物试样密封杯口的透湿杯放置于规定的试验环境中，根据一定时间内透湿杯质量的变化计算出织物透湿量。在透湿杯试验中，根据透湿杯的放置状态，分为正杯法和倒杯法。

国标 GB/T 12704—2009 中规定了两种使用正杯法测量织物透湿性能的方法——蒸发法和吸湿法[4]；美国试验与材料学会标准 ASTM E96 中规定可以使用正杯法和倒杯法两种方法测量织物的透湿性能[5]；另外国际标准 ISO 14956 采用不同于倒杯法的干燥剂倒杯法测量织物的透湿性能[6]。

这三种测量方法由于测试条件不同，测量得到的结果之间没有明确的关系。正杯法的测量条件与人体在静止或少量运动状态下所穿服装的透湿性相近，人体排汗量少，人体与服装间有一定的空隙，衣下空气层中的水蒸气浓度较大。另外，正杯法中织物试样与水面之间有静止空气层，这会影响到杯子内外的水蒸气压差，导致试验误差。倒杯法的测量条件与人体在剧烈运动状态下相近，人体出汗量多，服装与皮肤表面的汗液直接接触。倒杯法中水与织物试样直接接触，消除了正杯法中由于水面与试样表面间存在静止空气层造成的误差。干燥剂倒杯法与倒杯法相似，但由于试验条件的改变，使得干燥剂倒杯法测量得到的透湿量是三种方法中最大的。本章主要介绍国标 GB/T 12704—2009 中的两种方法，其他方法详见参考文献[5,6]。

一、蒸发法

蒸发法是在透湿杯中放置水，并用织物试样封口，杯中的水蒸发，通过织物试样扩散到环境中，从而引起透湿杯质量的变化。其具体试验如下：

1. 试验环境的设定

试验时将透湿杯放置在一个试验箱中，箱内温度为$(38 \pm 2)℃$，相对湿度为$(50 \pm 2)\%$，气流速度为 $0.3 \sim 0.5\text{m/s}$。

2. 透湿杯准备

透湿杯的尺寸是内径 60mm,杯深 19mm;杯中水量为 34mL。

3. 织物试样的放置

将织物试样覆盖杯口,并用密封环等工具加以密封,使杯中的水只能通过织物试样扩散到环境中。

4. 试验过程

将透湿杯放置在试验箱中,经过 1h 的平衡后,称其质量,精度为 0.001g,接着过 1h 后再称其质量。

5. 计算透湿量

透湿量的计算公式如式(5-8)所示。

$$g = \frac{24\Delta m}{AT} \tag{5-8}$$

式中: g 为织物试样的透湿量,g/(m² · d);

T 为试验时间,d;

A 为试样的试验面积,m²;

Δm 为透湿杯两次称得的质量之差,g。

二、吸湿法

吸湿法通过透湿杯中的吸湿剂吸收环境中的水分的多少来评价覆盖在透湿杯口上的织物试样的透湿能力。具体试验如下:

1. 试验环境的设定

试验时将透湿杯放置在一个试验箱中,箱内温度为(38±2)℃,相对湿度为(90±2)%,气流速度为 0.3~0.5m/s。

2. 透湿杯准备

透湿杯的尺寸是内径 60mm,杯深 22mm;杯中放置吸湿剂,如无水氯化钙,吸湿剂平铺在透湿杯中,高度距离织物试样下表面 3~4mm。

3. 织物试样的放置

将织物试样覆盖杯口,并用密封环等工具加以密封,使环境中的水分只能通过织物试样进入杯中。

4. 试验过程

将透湿杯迅速放进试验箱中,经 1h 平衡后取出,立即盖上杯盖,放在 20℃ 左右的硅胶干燥器中平衡 0.5h 后称其质量,精度为 0.001g。随后拿掉杯盖,迅速把透湿杯放入试验箱中,1h 后,立即盖上杯盖,放在硅胶干燥器中平衡 0.5h 后再称其质量。

5. 计算透湿量

试样的透湿量按式(5-8)计算。

三、两种方法的比较

蒸发法方法简单,能够在静态条件下定量比较织物的透湿性能;但杯中水位的高低影响测量结果,要保持杯中空气层的水蒸气为饱和水蒸气,一般要求水面与试样内表面的距离小于1cm,而且要尽可能保持不变。

吸湿法相对于蒸发法而言,测量时间短,一般2h内就可得到试验结果,为了提高精度,要求每2h后更换干燥剂。

第三节 服装的透湿

一、服装透湿的概念

人体皮肤表面蒸发的气态水与液态水因服装内外的水蒸气压差而透过服装向外扩散的性质称为服装的透湿性,它是评价服装热舒适性能的一个重要内容。图5-1是人体体表蒸发的水透过服装扩散到环境的示意图。从图5-1可知,水蒸气主要通过透过织物和经由服装开口这两种方式扩散到环境中,图中标示的服装开口泛指各种类型的服装开口,包括上开口、下开口和水平开口。

人体皮肤出汗经织物传递至外界空间的通道主要有三种类型。[7]

第一类是汗液在微气候区中蒸发成水蒸气,气态水经织物中纱线间和纤维间的空隙扩散至环境。

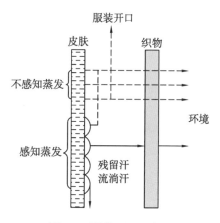

图5-1 服装透湿示意图

第二类是汗液在微气候区蒸发成水蒸气后,气态水在织物内表面纤维孔洞和纤维表面凝结成液态水,经纤维内孔洞或纤维间空隙运输到织物外表面,再重新蒸发成水汽扩散到环境。

第三类是汗液直接被服装吸收,通过织物中纱线间、纤维间的缝隙和孔洞运输到织物外表面,再蒸发成水汽扩散运移到环境。

二、不感知蒸发时服装材料的湿传递

皮肤表面发生不感知蒸发时,整个皮肤表面上看不到汗液,此时,通过服装湿传递的水分的初始状态是水蒸气,其湿传递的途径如图5-2所示。从图5-2中可以知道,在不感知蒸发时,服装材料的湿传递主要是以第一类和第二类为主。

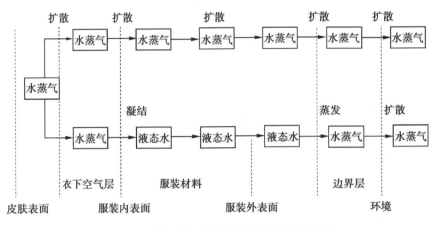

图 5-2　不感知蒸发时服装材料的湿传递示意图

三、感知蒸发时服装材料的湿传递

　　皮肤表面发生感知蒸发时,汗液分布在皮肤表面上,这时通过服装湿传递的水分的初始状态是液态水,其湿传递的途径如图 5-3 所示。从图 5-3 可知,感知蒸发时的湿传递与不感知蒸发时的湿传递不完全相同,以第二类和第三类为主。

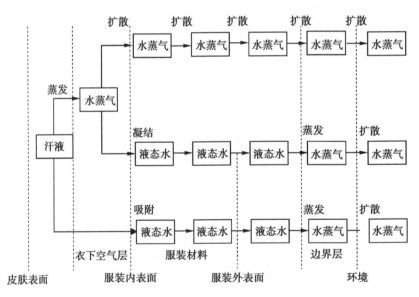

图 5-3　感知蒸发时服装材料的湿传递示意图

一、服装透湿指数的定义

根据前面的介绍,服装的透湿过程包含服装材料的透湿和服装开口的透湿两个部分。目前常用服装湿阻和透湿指数作为反映服装透湿性能的指标。服装湿阻的定义和织物湿阻的定义一样,其计算公式如式(5-2)所示。透湿指数是1962年美国服装研究人员伍德科克提出的一个评价服装和织物透湿性能的重要指标。[8] 服装透湿指数是继克罗之后的第二个服装生理卫生学指标。

在全身皮肤出汗的情况下,人体通过服装的总散热量由蒸发散热量和干性散热量两部分组成,前者以 Φ_e 表示,后者以 Φ_d 表示。

根据第三章服装传热的原理,干性散热量 Φ_d 可以用下式计算:

$$\Phi_d = \frac{t_s - t_a}{R_t} \tag{5-9}$$

式中: Φ_d 为干性散热量,W/m^2;

　　　t_s 为人体平均皮肤温度,℃;

　　　t_a 为环境温度,℃;

　　　R_t 为服装及边界层的热阻,℃·m^2/W。

蒸发散热量 Φ_e 根据式(5-2)可得:

$$\Phi_e = \frac{P_s - P_a}{R_e} \tag{5-10}$$

式中: Φ_e 为蒸发散热量,W/m^2;

　　　P_s 为皮肤表面的水蒸气压,Pa;

　　　P_a 为环境空气的水蒸气压,Pa;

　　　R_e 为服装及边界层的湿阻,m^2·Pa/W。

由此可见,在人体全身出汗的情况下,通过服装的总散热量为:

$$\Phi = \Phi_d + \Phi_e = \frac{t_s - t_a}{R_t} + \frac{P_s - P_a}{R_e} \tag{5-11}$$

将式(5-11)改写成下面的形式:

$$\Phi = \Phi_d + \Phi_e = \frac{1}{R_t}\Big[(t_s - t_a) + \frac{R_t}{R_e}(P_s - P_a) \Big] \tag{5-12}$$

为了理解式(5-12)中 R_t/R_e 这项的含义,伍德科克以湿球温度计的湿球作为表面完全潮湿、没有附加服装蒸发阻力的实体。当湿球温度计的湿球在空气中以 3m/s 以上的速度运动时,边界层空气的影响就可以忽略不计。当湿球达到热平衡时,总的散热量为零,则

$\Phi_d + \Phi_e = 0$,那么式(5-12)可以写成:

$$\frac{R'_t}{R'_e} = \frac{t_a - t_w}{P_w - P_a} \tag{5-13}$$

式中,t_w 为湿球温度,℃;

　　　　t_a 为环境温度,℃;

　　　　R'_t 为湿球上湿纱布及边界层的总热阻,℃·m²/W。

　　　　P_w 为湿球温度下的饱和水蒸气压,Pa;

　　　　P_a 为环境空气的水蒸气压,Pa;

　　　　R'_e 为湿球的蒸发湿阻,m²·Pa/W。

　　根据湿球温度计的水蒸气压与温度的关系,$(t_s - t_a)/(P_s - P_a)$ 的值基本上是一个常数,则 R'_t/R'_e 的值也接近于常数,用 S 表示。在一个大气压下,$S = 0.016\ 5$℃/Pa。实际上 R'_t/R'_e 就是蒸发散热与对流散热之间的当量比值。前面提到湿球温度计的湿球表面除了潮湿的纱布包裹以外,没有其他覆盖层,这种情况与出汗的皮肤上穿着衣服不一样。潮湿的皮肤上穿着服装时,服装对水汽扩散有屏障作用,所以 R_t/R_e 总比 R'_t/R'_e 小,最多也只能是相等。伍德科克把传热与传质联系起来分析,提出了服装透湿指数的概念,透湿指数的定义如下:

$$i_m = \frac{R_t/R_e}{R'_t/R'_e} = \frac{R_t/R_e}{S} \tag{5-14}$$

　　透湿指数常用 i_m 表示,是一个无量纲量,数值在 0~1 之间。其物理含义是穿上服装以后,实际的蒸发散热量与具有相当于总热阻的湿球的蒸发散热量之比。透湿指数越大,服装的透湿性能越好,就越容易在高湿环境下维持人体的热平衡。在一般无风状态下,人在裸体状态静止时,因为人体周围的边界层有蒸发阻力,其透湿指数不会大于 0.5。[2] 只有当风速大于 3m/s 时,边界层的蒸发阻力才可以忽略不计,此时透湿指数才可能接近于 1。一般夏季服装的透湿指数小于 0.5。

　　把式(5-14)及式(5-10)代入到式(5-12)中,可以得到在人体全身出汗的情况下服装的蒸发散热量的计算公式:

$$\Phi_e = S \cdot i_m \cdot \frac{(P_s - P_a)}{R_t} \tag{5-15}$$

　　从而可以得到透湿指数的另一个计算公式:

$$i_m = \frac{R_t \cdot \Phi_e}{(P_s - P_a) \cdot S} \tag{5-16}$$

　　为了比较在炎热环境下不同热阻值服装的透湿性能,美国服装生理学家 Goldman 提出了服装的蒸发散热效率的概念。蒸发散热效率定义为服装的透湿指数与热阻的比值。[9] 该指数将服装在湿态下的透湿指数与干态下的热阻结合起来,既考虑了蒸发散热,又考虑了干性散热。表5-1是美军服装的热阻、透湿指数及蒸发散热效率。[10]

表 5-1　美军服装的热阻、透湿指数及蒸发散热效率

服　装	热阻/clo	透湿指数	蒸发散热效率
陆军标准制服	1.33	0.50	0.38
薄棉布连衣裤工作服	1.29	0.45	0.35
通用制服	1.40	0.43	0.31
湿冷区冬服	3.2	0.4	0.13
干冷区冬服	4.3	0.43	0.10
薄冬季内衣加羊毛衬衫和长裤	1.7	0.35	0.21
坦克兵全套冬服	4.2	0.28	0.07
坦克兵夏服	1.35	0.31	0.23
全棉府绸热带战斗服	1.43	0.43	0.30
雨衣(T-66-8)	1.38	0.36	0.26
单层细线飞行服	1.40	0.52	0.37
双层细线飞行服	1.60	0.50	0.31
MK-3 防化服(英国研制)	1.68	0.46	0.27

二、影响服装透湿指数的因素

（一）环境因素

环境温度、湿度和风都会影响服装的透湿性能,从而影响服装的透湿指数。

1. 环境温度

环境温度会影响服装材料的透湿性能,随着环境温度升高,服装材料的透湿性能显著增加。[11] 其原因主要是水蒸气在空气和纤维中的扩散系数随环境温度升高而增大。

2. 环境湿度

环境湿度增大,则环境中水蒸气分压增大,皮肤表面饱和水蒸气压与环境实际水蒸气压之差减小,蒸发散热阻力增大,蒸发散热量显著减少,导致透湿指数减小。

3. 风

风是影响服装透湿性能的一个重要因素,空气流动加快时,服装的热阻下降,服装的透湿性能得到提高,因此,透湿指数随风速增大而增大。表 5-2 是服装透湿指数与风速关系的试验结果。[10]

表 5-2　不同风速下服装的透湿指数

风速/(m/s)	透湿指数
0.25	0.63
0.35	0.68
0.50	0.70

（二）人体因素

人体运动会影响服装的透湿指数,其影响实质就是服装内外空气流动速度增大对透湿指数的影响。人体运动时会产生相对风速,这与风对服装透湿指数的影响相似。同时,人体运动促进衣下空气层发生对流作用,使衣内空气层中的水蒸气散失到环境中,有利于人体的蒸发散热。人体活动时,代谢产热量成倍地增加,必然引起全身出汗,提高了人体的蒸发散热量。此时,虽然对流散热有所增加,但在一般着装情况下,蒸发散热仍起主要作用,所以服装的透湿指数增大。人体运动时,一方面服装的透湿指数增大,另一方面服装的热阻下降,如图5-4所示[10],所以蒸发散热效率增高。

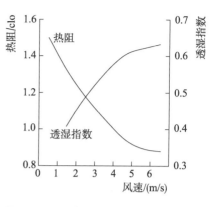

图5-4　透湿指数和热阻与风速的关系

（三）服装因素

1. 服装热阻

透湿指数随着服装热阻的增大而减小。服装热阻的增加是有限的,热阻稍有增大,蒸发散热量就显著减少,则服装的透湿指数减小,蒸发散热效率也降低。例如,当服装厚度增加时,蒸发阻力增加,导致透湿性能下降,因此,在寒冷环境中,穿着过厚的服装快速行走或做剧烈运动,也可能发生体热积蓄而致中暑。

2. 服装的透气性

服装的透气性能主要取决于服装材料的透气性和服装的款式。

服装材料的透气性是指空气通过材料的性能。透气性好的服装材料制作的服装透气性能也好。影响服装材料透气性的因素很多,主要有材料中孔隙的大小及连通性,通道长短、排列等。[2]有些服装材料中各层经纬纱之间形成直通气孔,透气性好,有利于水蒸气扩散。有些面料各层经纬纱交错排列,构成不定形气孔,这种衣料透气性较差,蒸发阻力大。

服装的款式影响服装的透气性。宽松、开放式的服装透气性好,透湿指数大;连身服装及颈部、手腕和脚踝等处开口小的服装透气性差,透湿指数小;一般在厚度相同的条件下,多层服装透气性好,尤其人体在活动时,衣下空气层对流增加,有利于水蒸气的散发;密闭性强的特种服装透气性很差或完全不透气,则透湿指数很小或等于零。

3. 服装的吸湿性

服装的吸湿性是由服装面料中纤维的特性决定的。吸湿性强且放湿快的面料制作的服装吸湿率高,蒸发速度快,透湿性好,例如棉麻织品的服装。而像毛织品服装,虽然能够大量吸收水汽,但放湿过程缓慢,所以透湿性能不如棉麻织品服装好。

练习与思考

1. 名词解释:湿阻、蒸发阻抗、透湿指数、蒸发散热效率。
2. 服装湿传递的原理是什么?

3. 织物湿传递能力的评价方法有哪些?

4. 简述蒸发法和吸湿法测量织物透湿能力的原理。

5. 哪些因素影响服装的透湿指数?

参考文献

[1] Crank J. The Mathermatics of Diffusion[M]. London:Oxford University Press, 1975.

[2] 黄建华. 服装的舒适性[M]. 北京:科学出版社,2008.

[3] Lyman Fourt, Milton Harris. 纺织品中的水汽扩散[J]. 纺织研究杂志,1947,17(5): 256 – 263.

[4] 中华人民共和国国家标准. 织物透湿量测试方法 透湿杯法[S]. GB/T 12704—2009.

[5] ASTM. Standard test methods for water vapor transmission of materials[S]. ASTM E96/E96M—2005.

[6] ISO. Textiles-Measurement of water vapor permeability of textiles for the purpose of quality control[S]. ISO 15496—2004.

[7] 姚穆,施楣梧,蒋素婵. 织物湿传导理论与实际的研究[J]. 西北纺织工学院学报, 2001,15(2):1 – 8.

[8] Woodcock A H. Moisture transfer in textile systems, part 1[J]. Textile Research Journal, 1962, 32(8):628 – 633.

[9] Goldman R F. Physiological costs of body armor[J]. Military Medicine, 1969, 134 (3): 204 – 210.

[10] 欧阳骅. 服装卫生学[M]. 北京:人民军医出版社,1985.

[11] Furuta T, Shimizu Y, Kondo Y. Evaluating the temperature and humidity characteristics of a solar energy absorbing and retaining fabric[J]. Textile Research Journal,1996,66(33): 123 – 130.

第六章

暖体假人

暖体假人是模拟人体-服装-环境系统之间热湿交换的设备,其作用就是模拟人体穿着服装的状态,从而测量服装的热湿特性。目前,暖体假人测量系统已经运用在服装、建筑、航空航天等领域,特别是在服装的热舒适性评价和职业服的开发中,暖体假人提供了一种精度高、试验数据重复性好的测量手段,为综合评价服装的热性能提供科学依据,因此,暖体假人已经成为服装工效学研究中必不可少的工具。

第一节 暖体假人概述

一、暖体假人发展

暖体假人最早出现在美国(纳蒂克军需装备工程中心,1946),后来加拿大、法国、日本、苏联、丹麦、瑞典等国都研制开发了各种暖体假人,我国则从 20 世纪 70 年代后期开始重视对暖体假人的研究。迄今为止,全世界已经开发了 50 多种暖体假人,并被广泛应用于纺织、环境、消防、石油、职业健康、交通安全、航空航天、建筑等领域,尤其是在服装保暖性能评价、服装保护机理研究和职业防护服装开发中发挥了重要作用。表 6-1 列示了世界上一些主要暖体假人。[1]

表 6-1 世界上主要暖体假人对照表

序号	体段	名称或研制机构	材质	控制方式	姿势	制造国家或地区及时间/年	
1	单体段	SAM	铜	模拟	站姿	美国	1942
2	11 体段	ALMANKIN	铝	模拟	站姿	英国	1964
3	辐射假人	CEPAT400	铝	模拟	站姿	法国	1972
4	16 体段	HENRIK2	塑料	模拟	可动	丹麦	1973
5	16 体段	CHARLIE	塑料	模拟	可动	德国	1978

续表

序号	体段	名称或研制机构	材质	控制方式	姿势	制造国家或地区	及时间/年
6	16 体段	SIBMAN	塑料	数字	坐、站姿	瑞典	1980
7	19 体段	VOLTMAN	塑料	数字	坐姿	瑞典	1982
8	36 体段	ASSMAN	塑料	数字	坐姿	瑞典	1983
9	19 体段	TORE	塑料	数字	可动	瑞典	1984
10	7 体段	CLOUSSEAU	塑料	模拟	站姿	瑞典	1987
11	出汗假人	COPELIUS	塑料	数字	可动	芬兰	1988
12	女性假人	NILLE	塑料	舒适	可动	丹麦	1989
13	33＋3 体段	HEATMAN	塑料	多方法	坐姿	瑞典	1991
14	单段出汗假人	WALTER	面料	水	可动	中国香港	1991
15	36 体段	HEATMAN	塑料	数字	可动	法国	1995
15	16 体段	东华大学	铜	数字	站、坐姿	中国	1995
16	可呼吸假人	NILLE	塑料	多方法	可动	丹麦	1996
17	出汗假人	SAM	塑料	数字	可动	瑞士	2001
18	26 体段	TOM	铜	数字	可动	美国	2003
19	126 体段	ADAM	复合材料	数字	可动	美国	2003
20	出汗假人	军需研究所	复合材料	数字	站姿	中国	2004

暖体假人的研究起源于 20 世纪 40 年代,其发展经历了三个阶段。

第一代假人是 20 世纪 40 年代美国军需气候实验室研制的[2],该假人是单段假人,不能反映人体体表温度的分布,而且不能运动,因此只能测量服装的静止热阻值。

第二代假人的研究开始于 20 世纪 60 年代[3],这些假人的本体是多段而且是可以运动的,不仅可以满足服装热阻的静态测试,而且可以满足动态测试。

第三代假人是在第二代假人的基础上增加了模拟人体出汗的功能,可以模拟人体-服装-环境间的热湿交换过程,对服装的热湿传递性能做出综合评价。[4-6]

第四代假人在第三代出汗暖体假人的基础上增加了人体生理调节模型控制系统,可以模拟人体-服装-环境间的动态热湿交换过程、人体的生理反应和主观感受,对服装的实际穿着舒适性做出全面的预测。

二、暖体假人的分类

1. 按假人本体制作材料分

暖体假人按本体制作材料分为铜质暖体假人、铝质暖体假人、玻璃钢暖体假人等。

2. 按用途分

暖体假人按用途分为干性暖体假人、出汗暖体假人、可呼吸暖体假人和可浸水暖体假人等。

3. 按控制方式分

暖体假人按控制方式分为恒温式暖体假人、恒热式暖体假人和变温式暖体假人等。

4. 按形态分

暖体假人按形态分为静止(立姿)假人和活动(模拟走路或骑车,可站可坐)假人。

三、暖体假人的设计要求

暖体假人是用来模拟人体热生理的一个测量系统,该系统的设计基础是大量人体生理学和解剖学数据。人体产热、散热及皮肤温度等方面的理解也是研制暖体假人的关键。暖体假人设计与研制的要求概括起来主要有以下几点:

(1)体型与尺寸符合人体生理学、解剖学特点。

(2)模拟人体表面温度与代谢产热。

(3)模拟热量从人体内到皮肤表面的热传导。

(4)皮肤温度、热容量与热积蓄的分布状态符合人体生理学特点。

(5)体表形状符合人体几何形状,表面近似皮肤的皱纹等结构,表面黑度接近人体皮肤的黑度。

(6)关节可活动,能模拟人的各种姿势,节段连接处可拆卸,便于穿脱服装和维修。

(7)温度控制和数据处理采用计算机。

(8)能模拟人体皮肤出汗。

四、暖体假人的系统构成

暖体假人测量系统主要由假人本体、温度控制系统、模拟出汗系统及人工气候箱组成。

暖体假人本体的基本结构多是将假人本体分为若干段,由刚性材料如铜、铝或玻璃钢制成,也可以由柔性材料如特殊织物制成。图6-1是东华大学研制的暖体假人本体示意图。[5]

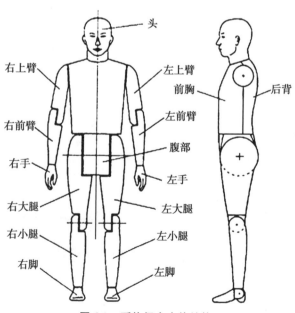

图6-1 暖体假人本体结构

暖体假人的加热方式分为内部加热、内表面加热和外部加热三种方式。假人的出汗方式主要有两种，第一种方式是用纯棉或其他透湿性能好的内衣来模拟人体的皮肤，然后喷洒蒸馏水到模拟皮肤上，从而模拟人体出汗，这也是第一代暖体假人常用的出汗方式；第二种方式是利用供水系统把水通入模拟皮肤，如瑞士联邦材料测试与研究实验室研制的出汗暖体假人"SAM"和美国西北测试公司研制的出汗暖体假人"Newton"的出汗方式就属于这一种，图6-2是暖体出汗假人"SAM"；第三种方式是利用特殊防水透气性织物将整个水循环系统包含在内，水蒸气通过织物微孔蒸发，香港理工大学研制的出汗暖体假人"WALTER"即为此类，如图6-3所示。

图6-2　出汗暖体假人"SAM"

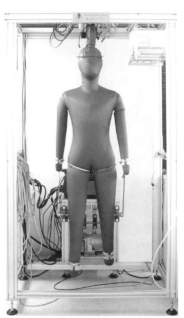

图6-3　出汗暖体假人"WALTER"

第二节　服装热阻和湿阻的测量

一、服装热阻的测量

（一）测量原理

测量服装热阻的假人采用干态暖体假人，该假人只模拟人体发热。采用干态暖体假人来模拟人体-服装-环境的显热交换过程，根据暖体假人体表温度与试验环境温度之差和单位体表面积的散热量的关系，推导出服装的热阻。

常用的服装热阻有三种：总热阻、有效热阻和基本热阻。

总热阻是指从人体皮肤表面到环境的热阻，包含了服装表面的静止边界层的热阻，可利

用暖体假人得到:

$$R_t = \frac{A(t_s - t_a)}{Q \times 0.155} \tag{6-1}$$

式中: R_t 为服装的总热阻, clo;

$\qquad t_s$ 为暖体假人皮肤平均温度, ℃;

$\qquad t_a$ 为试验环境温度, ℃;

$\qquad Q$ 为加热功率, W;

$\qquad A$ 为暖体假人体表面积, m^2。

有效热阻是指从人体体表到服装外表面的热阻, 也就是去除了服装外表面边界层的热阻, 即:

$$R_{clo} = R_t - R_a \tag{6-2}$$

式中: R_{clo} 为服装的有效热阻, clo;

$\qquad R_t$ 为服装的总热阻, clo;

$\qquad R_a$ 为裸体暖体假人周围边界层的热阻, clo。

基本热阻也是指从人体体表到服装外表面的热阻, 但排除了着装后人体体表面积增大带来的影响:

$$R_{cl} = R_t - \frac{R_a}{f_{cl}} \tag{6-3}$$

式中: R_t 为服装的总热阻, clo;

$\qquad R_{cl}$ 为服装的基本热阻, clo;

$\qquad R_a$ 为裸体暖体假人周围边界层的热阻, clo;

$\qquad f_{cl}$ 为服装面积系数。

服装面积系数是指着装后人体的体表面积与裸体体表面积之比, 表示人体着装后因为体表面积增大而使人体散热量增大的程度, 可以通过照相法测量, 但费时费力, 在要求不严格的情况下, 可以通过服装的热阻来估算服装的面积系数, 常用的公式是:

$$f_{cl} = 1 + 0.31 R_{cl} \tag{6-4}$$

式中: f_{cl} 为服装面积系数;

$\qquad R_{cl}$ 为服装的基本热阻, clo。

总热阻包含了边界层的热阻, 受到外界风速和平均辐射温度的影响, 因此, 同一服装在不同环境中有不同的总热阻; 有效热阻能够反映在一定环境中服装对人体的保温性的影响, 但忽视了由于着装引起的人体体表面积增大而导致的人体散热量增大, 因此不能精确地表示整个传热过程; 基本热阻引入服装面积系数, 消除了周围空气层的影响, 能够很好地描述服装的热传递。

用暖体假人测试服装的热阻时, 可以用整体法和局部法来计算服装的总热阻。[7]整体法的计算公式是:

$$R_t = \frac{A\left[\left(\sum_i \frac{A_i}{A} t_i\right) - t_a\right]}{\sum_i Q_i \times 0.155} \tag{6-5}$$

式中: R_t 为服装的总热阻, clo;

A_i 为暖体假人第 i 段的体表面积，m^2；

t_i 为暖体假人第 i 段的体表温度，℃；

t_a 为试验环境温度，℃；

A 为暖体假人体表总面积，m^2；

Q_i 为暖体假人第 i 段的加热功率，W。

局部法计算服装总热阻的公式是：

$$R_t = \sum_i \frac{A_i}{A} \frac{(t_i - t_a)A_i}{Q_i \times 0.155} \tag{6-6}$$

式中：R_t 为服装的总热阻，clo；

A_i 为暖体假人第 i 段的体表面积，m^2；

t_i 为暖体假人第 i 段的体表温度，℃；

t_a 为试验环境温度，℃；

A 为暖体假人体表总面积，m^2；

Q_i 为暖体假人第 i 段的加热功率，W。

（二）测量标准

服装热阻的测量标准主要有 ISO 15831—2004《服装　生理效应　用暖体假人测量服装热阻的标准方法》，ASTM F1291—2005《用暖体假人测量服装热阻的标准方法》，EN 342—2004《防护服装　用于防寒的单件服装和配套服装》，GB/T 18398—2001《服装热阻测量方法　暖体假人法》。[8-11] 这些标准中的测量原理基本上都相同，但在假人大小、测试条件和热阻的计算方法上有所不同，表 6-2 是这些标准的比较。

表 6-2　服装热阻测量标准的比较

项目	标准	ISO 15831	ASTM F1291	EN 342	GB/T 18398
适用范围		配套服装	配套服装	单件和配套服装	各类服装
假人身高/m		1.70 ± 0.15	1.70 ± 0.1	1.70 ± 0.15	身高、胸围等主要尺寸的几何造型应符合真人群体统计数据的平均值
假人体表面积/m²		1.70 ± 0.3	1.80 ± 0.3	1.70 ± 0.3	身高、胸围等主要尺寸的几何造型应符合真人群体统计数据的平均值
测试时假人姿态		站姿或动态	站姿	站姿或动态	站姿或动态
平均体表温度/℃		34	35	34	32～35
试验环境	温度/℃	至少比平均体表温度低 12℃	至少比平均体表温度低 12℃	至少比平均体表温度低 12℃	至少比平均体表温度低 10℃
	相对湿度	30%～70%	30%～70%	30%～70%	30%～50%
	空气流速/(m/s)	0.4	0.4	0.4	0.15～8
热阻计算		整体法或局部法	整体法	整体法或局部法	整体法

（三）测量过程

用暖体假人测量服装热阻主要有三个步骤。首先是服装试样的准备；其次是假人和人工气候室的设定;最后开始试验,记录试验数据,根据相应的计算公式求出服装的热阻。下面以国际标准 ISO 15831 为例介绍暖体假人测量服装热阻的方法。

1. 服装样品

(1)制作适合假人穿着的服装。最好制作 3 件相同的服装样品。如果只有单件服装,那么每次试验后须将服装从暖体假人上脱下再重新穿着。

(2)所有测试服装在测试前不要水洗或干洗。如果服装须洗涤,那么必须按照护理标签要求进行,须在测试报告中指出。

(3)试验前须将试验服装在温度(20 ± 5)℃、相对湿度(50 ± 20)% 的条件下调温调湿 12h 以上。

2. 设定试验条件

(1)设定暖体假人平衡皮肤温度。

暖体假人各躯段平均皮肤温度设定为(34 ± 0.2)℃。

(2)设定暖体假人试验状态。

暖体假人可分为静态试验和动态试验。动态试验时设定步速和步长。

(3)设定气候舱环境参数。

气候舱温度必须低于假人平均皮肤温度 12℃,且保证假人各躯段散热量大于20W/m²。气候舱湿度(RH)设定为 30% ~ 70%,优选 50%。标准条件下,气候舱风速设定为(0.4 ± 0.1)m/s,也可以根据试验要求进行设定。

3. 记录数据

暖体假人进入动态热平衡后,至少每分钟检测一次皮肤温度、环境温度和调控加热功率,这种状态必须保持 20min 以上。

注意事项:测试几套相同面料、相同款式和相同尺寸的配套服装时,每套测一次;测试一套服装时,至少进行两次重复试验,每次试验结束,应脱下服装,再重新穿上,进行另一次试验,确保试验相对误差在 5% 以内。

(四)测量示例

下面以美国西北测试公司研制的 Newton 暖体假人为例,描述用暖体假人测量服装热阻的操作过程。

(1)给暖体假人穿上测试的服装,并调整假人的姿势。

(2)设置人工气候室的温度、湿度,等待环境稳定。

(3)打开稳压总电源和测量用电脑,将假人的数据线插在计算机的 USB 接口上。

(4)打开暖体假人的电源箱开关。

(5)打开 ThermDac 软件,软件上 COMM 绿灯亮,显示正常工作。

(6)点击 ThermDac 软件工具栏上 Run→DRY TEST,也可以选择预先设定的试验程序,点击屏幕右下角的"Start test"按钮,然后保存文件名,点击"Save"按钮,最后等到出现 Test completed 字样,试验自动结束,或者根据标准取试验条件稳定后 30 min 的数据,手动结束试验并保存数据。

(7)所有试验结束,先关闭 ThermDac 软件,再关闭计算机和暖体假人电源箱,最后关闭稳压总电源。

以上试验如需使用行走系统,请按如下步骤操作:

（1）先将假人按试验需要穿好试验样品，然后确保行走系统开关开启前手部和脚部的行走系统连接杆连接牢固。

（2）打开行走系统开关前保证开关位置在 off 挡，检查急停开关状态，确保没有开启。

（3）确认以上无误后打开行走系统开关，可观察到显示屏数码管亮，此时可以选择 manual（手动控制）或者 auto control（软件远程控制）。手动控制有 10 个挡位（1—10），挡位为非线性控制。选择 auto control 时可以在软件界面输入步数值进行行走步速控制，步速要缓慢向上调，防止系统步速突然增大，注意行走系统最大步速不要超过 60 双步每分钟。

（4）试验结束后将手脚行走系统连接杆拆下，行走系统开关置于 off 挡，以免误操作引起故障。

二、服装湿阻的测量

关于服装湿阻的测量标准目前只有一个，就是美国的 ASTM F2370—2005《用暖体假人测量服装蒸发阻抗的标准方法》。[12] 该标准设定假人的身材与 ASTM F1291—2005《用暖体假人测量服装热阻的标准方法》一样，假人的平均体表温度为 $(35 \pm 0.5)℃$，测量用的人工气候室的相对湿度为 $(40 \pm 5)\%$，风速为 $(0.4 \pm 0.1)\,m/s$。人工气候室的温度设定取决于试验条件，若采用等温条件，温度应该控制在 $(35 \pm 0.5)℃$，如果是非等温条件，温度与测量该服装热阻时的温度一致。该标准没有规定出汗方式，因此，可以采用不同的出汗方式来模拟人体皮肤出汗。

（一）湿阻计算

服装湿阻的计算有两种方法：量热计算法和蒸发速率法。[7]

1. 量热计算法

$$R_e = \frac{A(P_s - P_a)}{Q - \Phi_d} \tag{6-7}$$

式中：R_e 为服装的总湿阻，$m^2 \cdot Pa/W$；

　　　P_s 为暖体假人皮肤温度下的饱和水蒸气压，Pa；

　　　P_a 为空气的饱和水蒸气压，Pa；

　　　A 为暖体假人体表总面积，m^2；

　　　Q 为暖体假人的加热功率，W；

　　　Φ_d 为暖体假人干态散热量，W（等温条件下，$\Phi_d = 0$）。

2. 蒸发速率法

$$R_e = \frac{A(P_s - P_a)}{h \dfrac{\mathrm{d}m}{\mathrm{d}t}} \tag{6-8}$$

式中：h 为水的气化潜热，kJ/kg；

　　　$\dfrac{\mathrm{d}m}{\mathrm{d}t}$ 为假人皮肤的蒸发速率，g/s；

　　　其余物理量含义和单位同式（6-7）。

(二) 测量过程

暖体假人测量服装湿阻主要有三个步骤。首先是服装试样的准备;其次是假人和人工气候室的设定;最后开始试验,记录试验数据,根据相应的计算公式求出服装的湿阻。下面是国际标准 ASTM F2370 中用暖体假人测量服装湿阻的方法。

1. 服装样品

(1) 制作适合假人穿着的服装。最好制作 3 件相同的服装样品。如果只有单件服装,那么每次试验后须将服装从暖体假人上脱下再重新穿着。

(2) 所有测试服装在测试前不要水洗或干洗。如果服装须洗涤,那么必须按照护理标签要求进行,须在测试报告中指出。

(3) 试验前须将试验服装在温度(20±5)℃、相对湿度(50±20)%的条件下调温调湿12h 以上。

2. 试验准备

(1) 设定气候舱环境参数。

环境风速为(0.4±0.1)m/s,相对湿度为(40±5)%,人工气候室的温度设定取决于试验条件。采用等温条件,环境温度应设定与假人表面温度一致,即(35±0.5)℃,确保没有干态热传递发生,这是测量服装湿阻的优选方式。在非等温条件下,环境温度应与测量该服装热阻时的温度一致。

(2) 设定暖体假人平衡皮肤温度。

暖体假人各躯段平均皮肤温度设定为(35±0.5)℃。

(3) 出汗方式设定。

在整个测试过程中,必须保证假人表面有足够的水。该标准没有规定出汗方式,因此,可以采用不同的出汗方式来模拟人体皮肤出汗。在试验前,可以向假人表面喷水直至饱和状态,然后开始向假人表面供水。这些水在供给假人之前必须被加热至(35±0.5)℃。

(4) 穿着测试服装。

记录假人的着装方式,拍照后放在报告里。

3. 记录数据

暖体假人进入动态热平衡后,至少每分钟检测一次皮肤温度和环境温度,这种状态必须保持30min 以上。

如果采用量热法计算服装湿阻,每分钟或连续记录加热器的功率,如果采用蒸发速率法计算服装湿阻,每3min 或连续记录蒸发速率。

如果采用非等温条件,服装热阻的测试参考 ASTM F1291。

注意事项:测试 3 套相同面料、款式和尺寸的配套服装时,每套测一次;测试一套服装时,则进行 3 次重复试验,每次试验结束,应脱下服装,烘干后,再重新穿上,进行下次试验。每次着装测试前,应先测试裸体假人的湿阻。

(三) 测量示例

下面以美国西北测试公司研制的 Newton 暖体假人为例,描述用暖体假人测量服装湿阻的操作过程。

(1) 给暖体假人穿上测试的服装,并调整假人的姿势。

(2) 设置人工气候室的温度、湿度和风速,等待环境稳定。

（3）打开稳压总电源和测试用计算机,将暖体假人的数据线插在计算机的 USB 接口上。

（4）打开暖体假人的电源箱开关和水箱开关。

（5）打开 ThermDac 软件,软件上 COMM 绿灯亮,显示正常工作。

（6）点击 ThermDac 软件工具栏上 Run →WET TEST,也可以选择预先设定的试验程序,点击屏幕右下角的"Start test"按钮,保存文件名,点击"Save"按钮。然后再点击工具栏 Windows→Main Screen→Manikin Zones→Flow Setpoint,输入假人各个部位的发汗量,点击"Apply"按钮。最后等到出现"Test completed"字样,试验自动结束,或者根据标准取试验条件稳定后 30min 的数据,手动结束试验并保存数据。

（7）所有试验结束,先关闭 ThermDac 软件,再关闭计算机、暖体假人的电源箱和水箱,最后关闭稳压总电源。

中国人民解放军总后勤部军需装备研究所是我国开展暖体假人系统研究较早的单位之一。20 世纪 60 年代,该单位开始设计研究分段恒温暖体假人,在此基础上,又先后研制成功了变温暖体假人和出汗暖体假人。本节重点介绍总后勤部军需研究所研制的出汗暖体假人。

一、系统结构

军需装备研究所研制的出汗暖体假人主要用于测试和评价热湿环境下军服的热湿传递性能和穿着热湿舒适性能,其系统结构如图 6-4 所示。[6,13]

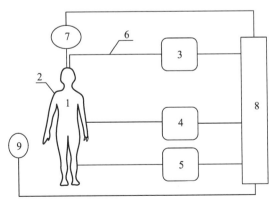

1：假人本体　2：模拟皮肤　3：出汗控制装置　4：输入通道　5：输出通道

6：输汗管线　7：假人称重装置　8：计算机系统　9：环境测量装置

图 6-4　出汗假人系统结构图

二、假人本体

假人本体以标准军人石膏模型及 2 万多名中国男军人的人体实测数据为依据制成。假人本体由厚度为 6mm 的树脂构成,假人表面积为 $1.7m^2$,全身分为 12 个解剖段,每段的温度控制都是独立的。这 12 个区段分别是上躯干、下躯干、上臂、前臂、左大腿、右大腿、左小腿、右小腿、头部、面部、手和脚,如图 6-5 所示,各区段的表面积如表 6-4 所示。[6]

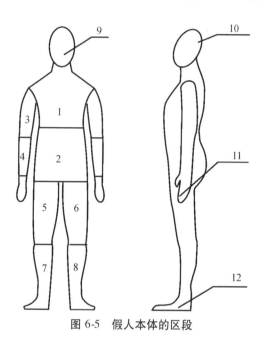

图 6-5 假人本体的区段

表 6-4 假人各区段表面积

	身体部位	表面积/m^2
1	上躯干	0.249 1
2	下躯干	0.223 2
3	上臂	0.151 4
4	下臂	0.094 6
5	右大腿	0.218 9
6	左大腿	0.216 6
7	右小腿	0.108 4
8	左小腿	0.107 9
9	面部	0.054 9
10	头部	0.078 1
11	双手	0.091 7
12	双脚	0.110 1

在壳体表面布设了 160 个出汗孔(假人头、手和脚无出汗孔)。假人各段布设 3 个温度传感器监控皮肤表面温度,同时假人体内还设有 2 个温度传感器,用于测量假人体内温度,保证不产生热债或蓄热,提高控制精度。

假人从内至外具有 8 层结构,出汗单元横截面如图 6-6 所示。[14] 汗液经过 2 至 6 层到达人造皮肤内层后,迅速被人造皮肤吸收并扩散。人造皮肤由内外两层组成,以 100% 纯棉织物作为人造皮肤内层,非对称亲水性聚四氟乙烯薄膜作为人造皮肤外层,保证水分快速吸收并扩散,同时兼具出液态汗和气态汗双重功能。非对称亲水性聚四氟乙烯薄膜是一层很薄的高分子聚合物薄膜,薄膜上分布了大量直径为 $0.3 \sim 1.5 \mu m$ 的微孔,而气态水分子的直径一般为 $0.000\ 4 \mu m$,轻雾的直径一般在 $20 \sim 100 \mu m$。显然非对称亲水性聚四氟乙烯薄膜微孔直径远大于气态水分子的直径,又小于轻雾及水分子的直径,所以当模拟人体出气态汗时,水汽可顺利透过薄膜,而水滴被束缚在孔洞中并受表面张力固定;当需要模拟人体出液态汗时,通过调控出汗泵的压力以破坏水滴表面张力,使液态水滴透过微孔,同时由于该薄膜为非对称亲水性的,即可模拟人体出液态汗。

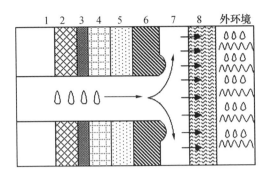

1：内腔填充层　2：聚酯材料壳体层　3：第一绝缘层　4：加热层
5：测温层　6：第二绝缘层　7：人造皮肤内层　8：人造皮肤外层

图6-6　假人本体8层结构截面示意图

三、假人热控制系统和出汗控制系统

（一）假人热控制系统

假人热控制系统是由多通道直流程控电源和铂电阻温度传感器组成的闭环热流和湿流调节系统。假人热控制过程为：通过检测假人皮肤表面温度计算假人加热线路所需的供热量和电压、电流，由直流程控电源的输出电压直接加到假人加热电路，使假人皮肤表面温度升高或降低，循环此过程，使假人与环境间的热交换过程处于动态热平衡状态。其调控过程如图6-7所示。[15]

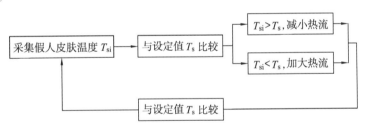

图6-7　假人热控制过程

（二）假人出汗控制系统

假人出汗系统由出汗控制系统和模拟皮肤组成。假人出汗控制系统主要由储水池及天平、蠕动泵、供水管路、人体秤、出汗控制接口构成。其闭环控制过程如图6-8所示。[15]

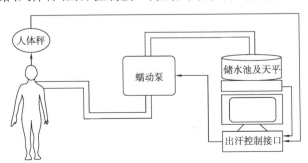

图6-8　假人出汗控制过程

假人出汗控制系统在设定的出汗水平下,通过检测假人系统质量的增量,计算每个出汗孔的出汗速率,经 D/A 转换输出控制蠕动泵的流速,调节模拟出汗量的大小,使假人与环境间的湿交换过程处于动态平衡状态。

天平用于称量供水量,人体秤用于称量假人质量的增量,两者的差值即为实际蒸发量,这是评估服装湿传递特性的重要指标。蠕动泵和出汗控制接口是出汗控制系统的核心部件,通过出汗控制接口获得实际供水量和假人质量的增量,再依据设定的出汗水平调控蠕动泵。

四、出汗假人试验模式

为使出汗假人测试系统有效地测试与评价不同服装的透湿性能,该出汗假人可以在 3 种不同的试验模式下工作,即恒温恒湿润度试验模式、恒温恒出汗率试验模式和模拟真人试验模式。[15]

（一）恒温恒湿润度试验模式

恒温恒湿润度试验模式是使出汗假人皮肤表面温度和湿润度保持恒定,主要用于测试、评价服装的热湿性能。

（二）恒温恒出汗率试验模式

恒温恒出汗率试验模式是使出汗假人皮肤表面温度和出汗率恒定,主要用于比较不同服装在不同出汗量时服装隔热性能降低的程度（即热阻值的变化）,为服装的结构设计与面料的选用以及提高服装的热湿防护性能提供科学依据。

（三）模拟真人试验模式

模拟真人试验模式是使出汗假人皮肤表面温度随试验环境温度变化、出汗量随皮肤表面温度变化,即在试验过程中,依据真人试验得到的人体出汗量与皮肤表面温度的关系,使假人的出汗速率根据皮肤表面温度自动调节。而供热量分为干散热和蒸发散热两部分,干散热供热量按真人试验得到的热流随皮肤温度的关系供给,蒸发散热部分按蒸发汗液所需要的热量供给。这种试验方法可得到不同试验条件下的人体平衡皮肤温度、热湿感觉指数和蒸发散热率等指标。

五、测试实例

应用出汗假人系统对现行军服、公安雨衣、舒适内衣、防化服装和非典防护服的热湿性能进行了测试,测试结果见表6-5。出汗假人测试试验表明,该出汗假人测试系统能有效地测试不同服装的热湿舒适性能。

表6-5　多种不同服装样品的测试结果

试验服装		热阻/clo	湿阻/(Pa·m²·W)	透湿指数
军服	现行夏服	1.23	28.06	0.480
	涤棉迷彩作训服	1.32	29.76	0.430

续表

试验服装		热阻/clo	湿阻/(Pa·m²·W)	透湿指数
公安雨衣	PTFE 复合涤纶面料	1.45	33.93	0.410
	PTFE 针织复合面料	1.58	47.51	0.320
	PU 涂层雨衣布	1.50	101.13	0.150
	PVC 聚氯乙烯雨衣布	1.65	>300.00	0.002
舒适内衣	舒适性针织套装	1.34	26.82	0.470
	普通涤棉针织套装	1.45	33.93	0.410
防化服装	标准型透气式防化服	1.86	58.46	0.310
	热区型透气式防化服	2.05	54.83	0.360
非典防护服	透气式非典防护服	1.11	35.34	0.340
	标准型非典防护服	0.97	48.39	0.210

练习与思考

1. 名词解释:总热阻、有效热阻、基本热阻。
2. 简述暖体假人的设计要求。
3. 简述暖体假人的组成。
4. 简述暖体假人测量服装热阻的过程。
5. 比较分析目前各种暖体出汗假人的出汗方式。

参考文献

[1] Nilsson H O,Holmér I. Comfort Climate Evaluation with Thermal Manikin Methods and Computer Simulation Models[M]. Sweden:Royal Institute of Technology, University of Gävle and The Swedish National Institute for Working Life, 2004.

[2] Belding H S. Protection Against Dry Cold[M]. Philadelphia:Saunders Co.,1949.

[3] Goldman R F. Clothing design for comfort and work performance in extreme thermal environments[J]. Transactions of New York Academy of Science, 1974, 36:531 – 544.

[4] Fan J T, Chen Y S. Measurement of clothing thermal insulation and moisture vapor resistance using a novel perspiring fabric thermal manikin[J]. Measurement Science and Technology, 2002, 13(6):1115 – 1123.

[5] 李俊,张渭源,李学东,等. 暖体出汗假人系统的研制[J]. 东华大学学报(自然科学版),2003,29(6):62 – 65.

[6] 姜志华,谌玉红,曾长松,等. 出汗假人系统研究[J]. 中国个体防护装备,2004(5):8 – 12.

[7] 黄建华. 服装的舒适性[M]. 北京:科学出版社,2008.

[8] ISO. Clothing-Physiological effects-Measurement of thermal insulation by means of athermal manikin[S]. ISO 15831—2004.

[9] EN. Protective clothing-Ensembles and garments for protection against cold[S]. EN 342—2004.

[10] ASTM. Standard test method for measuring the thermal insulation of clothing using a heated manikin[S]. ASTM F1291—2005.

[11] 中华人民共和国行业标准. 服装热阻测试方法 暖体假人法[S]. GB/T 18398—2001.

[12] ASTM. Standard test method for measuring the evaporative resistance of clothing using a sweating manikin[S]. ASTM F2370—2005.

[13] 谌玉红,姜志华,曾长松,等. 出汗假人及其控制系统研究[J]. 中国个体防护装备,2003(6):11-13.

[14] 谌玉红,李若新,姜志华. 服装热湿性能测试系统[J]. 针织工业,2006(10):51-53.

[15] 姜志华,谌玉红,曾长松,等. 出汗假人系统热湿控制性能[J]. 中国个体防护装备,2004(2):20-22.

第七章

服装热湿传递的数值模拟

第一节　服装热湿传递的数值模拟概述

　　服装在我们的生活中扮演着一个非常重要的角色,它影响着穿着者的生理健康和心情。目前服装设计不仅集中在款式和时尚上,而且也更加注重服装的功能性。服装作为人体的第二皮肤,对人体起到保护作用,能够在人体周围创造一个合适的微环境,保证人体的热生理需求。具有良好热性能的高品质服装不仅是专业运动员的首选,也受到普通消费者的青睐。

　　人体、服装及环境构成一个服装穿着系统,该系统中诸多物理行为决定了服装的热功能性,这些物理行为包括人体的热生理、服装材料的热湿传递过程及三者之间的相互作用。如果按照传统的方法设计高性能的服装,对于设计师来说是一件非常困难的事,且效率很低。传统方法设计服装过程如图 7-1 所示。首先进行概念设计,接着制作服装原型,然后采用暖体出汗假人测试服装在不同情况下的服装热性能数据,或采用真人穿着试验评价服装的热性能,最后分析这些试验数据,进而对服装的设计进行修改。要想得到理想的高品质服装,这个过程须反复多次。

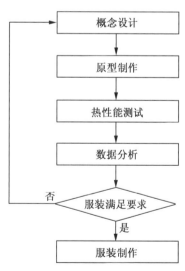

图 7-1　传统服装设计过程

　　显然,采用传统方式设计具有良好热性能的高品质服装不是一个好方法,随着计算机辅助设计及工程技术的发展,一个可行的方法随之出现——数字模拟方法。该方法已成为继理论方法、试验方法之后的第三种研究方法,在很多领域内都有广泛的应用。数值模拟方法是在理论研究的基础上,结合现代数值计算方法,在计算机上模拟出真实的系统或过程。该方法也可以运用到人体、服装及环境系统(以下简称 HCE 系统)中,李毅等人已经在这方面做了很多有益的工作[1-4]。该方法的核心思想就是利用计算机的计算和存储能力,模拟在某个环境中人体、服装及环境之间的动态热湿传递过程及其人体热调节过程,实时评价当前服装的热性能,从而提高服装设计的效率。基于数值模拟的服装设计过程如图 7-2 所示。

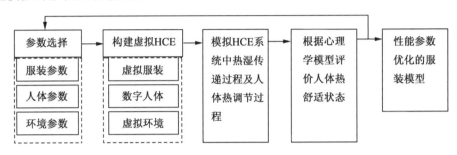

图 7-2　基于数值模拟的服装设计过程

要实现 HCE 系统的数值模拟,就必须对该系统有深刻的理解。HCE 是一个复杂的多组分系统,各组分之间存在多种相互作用,如图 7-3 所示。该系统中涉及的热行为包括: ① 服装及服装材料的热湿耦合传递过程,此过程非常复杂,会发生水的相变,以及受到一些功能处理的影响; ② 人体为了适应环境而进行的热生理调节过程; ③ 人体、服装和环境在接触边界上发生的相互作用。

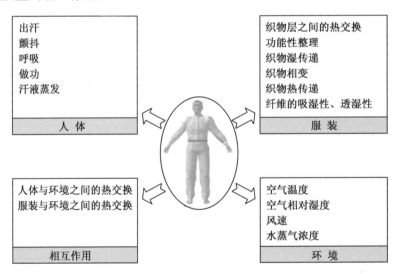

图 7-3　HCE 系统的构成

为了能够模拟 HCE 系统的热湿传输过程,就必须用适当的数学模型来描述相关热行为,这些数学模型包括: ① 人体热调节模型; ② 服装模型; ③ 热相互作用模型。目前服装模型主要是热湿耦合模型,该模型由一系列微分方程组成,结合初始值及边界条件可以求得数字解。为了模拟整个 HCE 系统的热湿传递过程,就必须建立人体热调节模型和服装模型之间的联系,热相互作用模型就起到这项作用,可以通过建立合适的边界条件来完成这项工作。模拟过程中所涉及的人体、服装、环境相关参数如表 7-1 所示[4],这些参数对应着各模型中的相关变量。

表 7-1 HCE 系统模拟时的有关参数

HCE 系统		热性能	相关参数
服装	服装	织物层间的热交换 功能性整理效果	对流传质系数 对流换热系数
	织物	热传递 传导 对流 辐射 湿传递 蒸汽扩散 液体传递	织物的导热系数 织物的体积热容量 辐射吸收常数 纤维吸湿/放湿潜热 织物厚度 水蒸气在空气中的扩散系数 水蒸气在织物中扩散的迁曲度 液体水在织物中的扩散系数 液态水在织物中扩散的迁曲度 织物孔隙度 质量传递系数
	纤维	相变 水分蒸发/凝结 PCM 热吸收/释放 吸湿/放湿	纤维半径 纤维密度 水蒸气在纤维中的扩散系数 纤维表面体积比
人体		体温调节 出汗 颤抖 呼吸 做功 汗液蒸发	身体代谢率 身体皮肤面积 身体出汗率 身体血流量 人体呼吸热损失 肌肉工作效率 皮肤蒸发热损失
相互作用 （热交换）		穿着方式 服装款式 合体度 人体与环境之间的热交换 服装与环境之间的热交换	服装覆盖率 皮肤和织物之间的空气厚度 服装覆盖域的水分蒸汽比例 服装覆盖域的热损失比例 对流传质系数 对流换热系数
环境		气候条件	空气温度 空气相对湿度 风速 水蒸气浓度

第二节　人体热生理模型

人体热调节系统是人体的主要生理系统之一,系统由外周和中枢温度感受器、体温调节中枢、效应器等构成,详细内容参考本书第三章。从控制论的观点来看,人体热调节系统可以看作一个基于负反馈原理的闭环控制系统。在该系统中,体温是输出量,身体的基准温度为参考输入量。与一般的闭环控制系统类似,它也包括测量元件、控制元件、执行机构和被控对象等。随着科学技术的发展,数学模型的研究方法在生理学领域得到重视,该方法能够为人体生理的研究提供简练、精确的数学描述,结合计算机技术,可以模拟人体的热生理过程。

1911 年,Lefevre 从热力学的角度,把人体看成是一个由内核和外壳组成的球体,内核产生热量,外壳与环境发生能量交换。后来,不同研究人员提出了很多人体热生理模型[5],从一个均匀的圆柱体发展到描述人体不同部位的不同尺寸的多层圆柱体模型,这些不同部位之间通过血液循环相互连接,多层结构通常按人体解剖学分为皮肤、脂肪、肌肉及核心四个部分。这些不同的生理模型可以分为一节点模型、两节点模型和多节点模型。本节重点介绍 Gagge 的两节点模型。

1971 年,盖奇(Gagge)等人建立了一个两节点模型,假设人体由两个集中层(核心层和皮肤层)的圆柱体来描述[6],皮肤单元的质量为 m_{sk},核心单元的质量为 m_{cr},人体总量 $m = m_{cr} + m_{sk}$,如图 7-4 所示。该模型由被控系统和控制系统构成,被控系统指人体的物理构成、人体代谢产热、热的传递、人体与环境的热交换;控制系统是指人体热调节过程,即调节血管的收缩与扩张、肌肉运动及汗腺活动。该模型最后能够输出表示人体热生理状态的关键参数:体核温度、平均皮肤温度、血流速度及出汗速度。

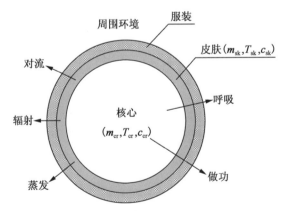

图 7-4　Gagge 的两节点模型示意图

人体和周围环境热平衡可用被控系统描述,其方程如公式(7-1)所示。

$$S = M - W - R - C - E_{res} - E_{diff} - E_{rsw} \tag{7-1}$$

式中：S 为人体蓄热率,W/m^2;

　　M 为人体对外做的机械功,W/m^2;

　　R 为人体与环境的辐射热交换,W/m^2;

　　C 为人体与环境的对流热交换,W/m^2;

　　E_{res} 为人体呼吸热损失,W/m^2;

　　E_{diff} 为人体皮肤扩散造成的潜热损失,W/m^2;

　　E_{rsw} 为人体体温调节过程中的汗蒸发散发热损失,W/m^2。

人体核心热平衡方程如公式(7-2)所示。

$$S_{cr} = M - W - E_{res} - K_{min}(T_{cr} - T_{sk}) - c_{bl}V_{bl}(T_{cr} - T_{sk}) \tag{7-2}$$

式中：S_{cr} 为人体核心的蓄热率,W/m^2;

　　K_{min} 为无血流的皮肤组织最小导热量,$5.28W/(m^2 \cdot K)$;

　　c_{bl} 为血液比热,$1.163 kJ/kg \cdot K$;

　　V_{bl} 为皮肤血流率,$L/m^2 \cdot h$;

　　T_{cr} 为人体核心温度,℃;

　　T_{sk} 为人体平均皮肤温度,℃。

皮肤单元的热平衡方程如公式(7-3)所示。

$$S_{sk} = K_{min}(T_{cr} - T_{sk}) + c_{bl}V_{bl}(T_{cr} - T_{sk}) - E_{sk} - (R + C) \tag{7-3}$$

式中：S_{sk} 为人体皮肤的蓄热率,W/m^2;

　　E_{sk} 为人体皮肤的蒸发潜热损失,W/m^2,$E_{sk} = E_{res} + E_{diff}$。

从公式(7-1)、公式(7-2)和公式(7-3)可以看出,人体蓄热率 S 与 S_{cr}、S_{sk} 的关系如公式(7-4)所示。

$$S = S_{cr} + S_{sk} \tag{7-4}$$

人体核心温度 T_{cr} 的变化率 dT_{cr} 与皮肤温度 T_{sk} 的变化率 dT_{sk} 的计算如公式(7-5)和公式(7-6)所示。

$$dT_{cr} = S_{cr}A/c_{cr} \tag{7-5}$$

$$dT_{sk} = S_{sk}A/c_{sk} \tag{7-6}$$

式中：c_{cr} 为核心热容,$W/℃$,$c_{cr} = 0.97m_{cr}$;

　　c_{sk} 为皮肤热容,$W/℃$,$c_{sk} = 0.97m_{sk}$。

根据公式(7-5)和公式(7-6)就可以计算出任何时刻 t 时的 T_{cr} 和 T_{sk},计算公式如公式(7-7)和公式(7-8)所示。

$$T_{cr} = T_{cr0} + \int_0^t dT_{cr}dt \tag{7-7}$$

$$T_{sk} = T_{sk0} + \int_0^t dT_{sk}dt \tag{7-8}$$

式中：T_{cr0} 为 T_{cr} 的初始值，可以设为 34.1℃；

　　　T_{sk0} 为 T_{sk} 的初始值，可以设为 36.6℃。

二、控制系统

控制系统有三个机制：皮肤血液的流动、出汗和颤抖。血液流动的快慢、出汗的多少及颤抖产生热量的多少由核心温度和皮肤温度决定。人体平均温度 T_{bm} 可由核心温度和皮肤温度根据公式(7-9)求得：

$$T_{bm} = \alpha \times T_{sk} + (1 - \alpha) \times T_{cr} \tag{7-9}$$

式中：α 为人体皮肤质量与人体总质量的比例。

核心温度、皮肤温度及整个人体温度调节信号分别用 $\sum_{cr}$、$\sum_{sk}$ 和 $\sum_{bm}$ 表示，计算公式如公式(7-10)、公式(7-11)和公式(7-12)所示：

$$\sum\nolimits_{cr} = T_{cr} - T_{cr0} \tag{7-10}$$

$$\sum\nolimits_{sk} = T_{sk} - T_{sk0} \tag{7-11}$$

$$\sum\nolimits_{bm} = T_{bm} - T_{bm0} \tag{7-12}$$

式中：T_{cr0} 和 T_{sk0} 分别是人体在舒适状态下的平均核心温度和平均皮肤温度，可以分别取 34.1℃ 和 36.6℃，$T_{bm0} = 0.1 \times T_{sk0} + (1 - 0.1) \times T_{cr0}$。

根据温度调节信号，人体皮肤、人体核心及人体整体产生冷感或暖感，从而产生相应的冷暖调节信息，分别用 cold 和 warm 表示。调节信号与人体感觉对应关系如表7-2所示：

表 7-2　调节信号与人体感觉的对应关系

调节信号的符号	人体感觉	冷暖调节信息
$\sum_{sk} < 0$	皮肤感觉：冷	$warm_s = 0, cold_s = T_{sk0} - T_{sk}$
$\sum_{sk} > 0$	皮肤感觉：暖	$cold_s = 0, warm_s = T_{sk} - T_{sk0}$
$\sum_{cr} < 0$	人体核心感觉：冷	$warm_c = 0, cold_c = T_{cr0} - T_{cr}$
$\sum_{cr} > 0$	人体核心感觉：暖	$cold_c = 0, warm_c = T_{cr} - T_{cr0}$
$\sum_{bm} < 0$	人体感觉：冷	$warm_b = 0, cold_b = T_{bm0} - T_{bm}$
$\sum_{bm} > 0$	人体感觉：暖	$cold_b = 0, warm_b = T_{bm} - T_{bm0}$

通过这些调节信息就可计算皮肤血流量 V_{bl}、出汗率 Regsw 及颤抖产热量 M'，计算公式如公式(7-13)、公式(7-14)和公式(7-15)所示：

$$V_{bl} = (6.3 + 200 warm_c) / (1 + 0.1 cold_s) \tag{7-13}$$

$$\text{Regsw} = 170 \times warm_b \times e^{(warm_s / 10.7)} \tag{7-14}$$

$$M' = M + 19.4 \times cold_s \times cold_c \tag{7-15}$$

第三节　服装系统热湿传递的数学描述

织物的热湿耦合传递是服装动态舒适性的重要因素。1939 年,Herry 提出一个数学模型来描述织物的热湿耦合传递,该模型称为织物的热湿耦合模型[7]。该模型是建立在微元基础上的热湿耦合模型,可以很好地描述热湿耦合传递过程,以及液态水的流动,是一个从物理机制上考虑传递现象的模型。

一、热湿耦合模型

Herry 在提出数学模型时,对问题进行了简化,即假设了一些条件:

(1) 由于吸湿而引起的纤维体积的变化忽略不计。

(2) 通过纤维的水蒸气的扩散系数远小于空气中的水蒸气的扩散系数,纤维的湿传递可忽略。

(3) 纤维的直径非常小、比表面积非常大时,在热湿传递过程中纤维和空气间的热平衡瞬间完成。

在模型中,Herry 用偏微分方程来描述织物的热湿传递过程,即织物中水蒸气的质量守恒和能量守恒两个方程,如公式(7-16)和公式(7-17)所示。在该模型中只考虑了水蒸气的扩散和热的传递问题。

$$\varepsilon \frac{\partial C_a}{\partial t} + (1 - \varepsilon) \frac{\partial C_f}{\partial t} = \frac{D_a \varepsilon \partial^2 C_a}{\tau \partial x^2} \tag{7-16}$$

$$c_v \frac{\partial T}{\partial t} - q(1 - \varepsilon) \frac{\partial C_f}{\partial t} = \lambda \frac{\partial^2 T}{\partial x^2} \tag{7-17}$$

式中: C_a 为织物中纤维空隙之间水蒸气的溶度,kg/m^3;

C_f 为纤维中的水蒸气的溶度,kg/m^3;

D_a 为水蒸气在织物孔隙的空气中的扩散系数,m^2/s;

ε 为织物的孔隙率;

τ 为织物中孔隙的有效弯曲度;

c_v 为织物的体积热容量,$kJ/(m^3 \cdot ℃)$;

q 为纤维吸湿微分热,kJ/kg;

T 为织物的温度,$℃$;

λ 为织物的导热系数,$kJ/(m \cdot ℃)$。

在上述方程中,c_v 和 q 是纤维吸湿量的函数,计算如下:

$$c_v = 372.3 + 4\,661.0 W_c + 4.221 T \tag{7-18}$$

$$q = 1\,602.5 \exp(-11.727 W_c) + 2\,522.0 \tag{7-19}$$

式中: W_c 为纤维吸湿量,$W_c = C_f/\rho$,ρ 为纤维密度。

公式(7-16)和公式(7-17)这两个方程是非线性的,且有三个未知量:C_a、C_f 和 T,为了求解这个模型,则必须有第三方程,Henry 假设 C_f 线性依赖于 C_a 和 T,推导出第三方程。David 和 Nordon 根据羊毛两阶段吸湿过程,提出了指数关系式,用来描述纤维中水蒸气量的变化率,如公式(7-20)和公式(7-21)所示[8]:

$$\frac{1}{\varepsilon}\frac{\partial C_f}{\partial t} = (H_a - H_f)\gamma \tag{7-20}$$

$$\gamma = k_1(1 - \exp(k_2|H_a - H_f|)) \tag{7-21}$$

式中:H_a 为空气的相对湿度;

$\quad\quad H_f$ 为纤维的相对湿度;

$\quad\quad k_1$ 和 k_2 为可调节的参数。

Li 等人依据羊毛的两次吸湿过程,进一步研究了纤维中水蒸气含量的问题[1],提出如下描述公式:

$$\frac{\partial C_f(x,r,t)}{\partial t} = \frac{1}{r}\frac{\partial}{\partial r}\left(r \cdot D_f(W_c,t) \cdot \frac{\partial C_f(x,r,t)}{\partial r}\right) \tag{7-22}$$

式中:D_f 为水蒸气在纤维中的扩散系数,m^2/s,是纤维吸湿量 W_c 和时间 t 的函数,在不同的吸湿阶段有不同的表达式。

在 Henry 模型的基础上,研究人员建立了一些新的热湿耦合模型。Li 等人在 Herry 模型的基础上多加了一个质量平衡方程来描述液态水的传递过程,并推导出了一个液态水在多孔纺织材料中的扩散系数方程[9];Wang 等人考虑传导和辐射热传递、毛细液态传递、湿气扩散、凝结—蒸发,以及纤维吸湿和放湿过程,提出了一个新的数学模型[10]。

二、初始值及边界条件

为了求解上述三个方程,须确定一些初始值及边界条件。

1. 初始值

开始时织物与周围的环境达到平衡,周围环境的温度为 T_{a0},水蒸气溶度为 C_{a0},湿度为 H_{a0},织物的温度和湿度在整个织物上是均匀分布的,则可以得到以下初始值:

$$T_a(x,0) = T_{a0} \tag{7-23}$$

$$C_a(x,0) = C_{a0} \tag{7-24}$$

$$C_f(x,r,0) = f(H_{a0},T_{a0}) \tag{7-25}$$

2. 边界条件

当织物与一个新的周围环境(温度为 T_{ab},水蒸气溶度为 C_{ab})接触时,考虑边界层的对流特性,边界条件如下[1]:

$$D_a\varepsilon\frac{\partial C_a}{\partial x}\bigg|_{x=0} = h_c(C_a - C_{ab}) \tag{7-26}$$

$$D_a\varepsilon\frac{\partial C_a}{\partial x}\bigg|_{x=L} = -h_c(C_a - C_{ab}) \tag{7-27}$$

$$\lambda\varepsilon\frac{\partial T}{\partial x}\bigg|_{x=0} = h_t(T - T_{ab}) \tag{7-28}$$

$$\lambda\varepsilon\frac{\partial T}{\partial x}\bigg|_{x=L}=-h_t(T-T_{ab}) \tag{7-29}$$

式中：h_c 为对流传质系数，m/s；

h_t 为对流传热系数，kJ/（m²·℃）。

第四节 实例介绍

P-smart 是由李毅等人开发的一个服装 CAD 系统[3]，该系统能够模拟 HCE 系统中的热行为，在一个特定的环境中，该系统能够模拟一个穿着服装的虚拟人体的热调节过程、服装的热湿传递过程以及它们之间的相互作用。该系统通过整合服装热湿模型和人体热调节模型来描述人体、服装和环境之间的热相互作用。该系统提供了一个虚拟设计空间，服装设计师和工程师可以在这个虚拟空间进行服装设计，所设计服装能够达到所期望的热性能。

一、P-smart 系统介绍

P-smart 系统中的服装模型在 Henry 模型的基础上增加了液态水平衡方程，并且在热平衡方程中考虑了热辐射的影响。人体模型选择 Gagge 的两节点模型。在整合人体模型和服装的热湿模型时通过人体皮肤与最内层服装这一边界方程来实现。在这一边界上，从人体皮肤流向服装的热流量等于从人体皮肤流出的热流量（包括传导、对流、辐射及蒸发），流向服装的水蒸气量等于从人体皮肤流出的水蒸气的蒸发量。

P-smart 系统的结构如图 7-5 所示，该系统主要包括预处理、模拟计算和后处理三个部分。

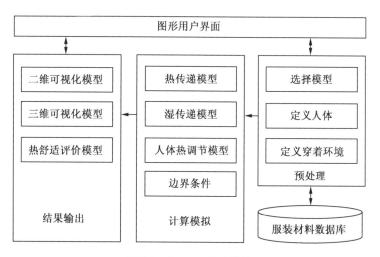

图 7-5 P-smart 系统结构

预处理部分主要包括模型选择、服装设计、定义人体及确定环境等功能。

模拟计算就是通过求解人体、服装及相互作用模型中的方程，得到数字解。

后处理就是对模拟计算结果进行处理，主要是通过可视化的方式展示计算结果。该系统有 2D 和 3D 两种可视化展示方式，通过这些可视化方法，设计师可以直观地看到所设计服装的热性能，如果服装不符合设计要求，可以重新设置参数进行模拟计算；另外，还可以结合人体舒适性心理模型评价服装的热湿舒适性。

P-smart 系统运行的过程如图 7-6 所示。

图 7-6　P-smart 系统运行过程

二、应用实例

这里以设计夏季户外运动用单层 T 恤衫为例介绍 P-smart 系统的应用。使用 P-smart 系统时首先要对需要模拟的服装有明确的界定，包括着装者及环境。这些信息确定后就可以在预处理阶段设置模拟 HCE 系统中的人体、服装及环境。最后，进行模拟计算及结果输出。

1. 人体、服装及环境选择

（1）服装：夏季户外运动用单层 T 恤衫，材料采用纳米处理的棉织物，具体参数如表 7-3 所示。

表 7-3　服装材料特性

纤维	平方米克重/(g/m²)	厚度/mm	密度(g/m³)	回潮率
棉	3.4	1.6	202	7.5

（2）模型：选择人体热调节模型与服装热湿传递模型。

（3）环境设定：选择环境温度为 30℃，相对湿度为 30%。

（4）人体新陈代谢：休息时为 1Met，走路时为 2Met，慢跑时为 2.8Met，快跑时为 3.8Met。

（5）人体运动状态：休息 30min→走路 15min→慢跑 30min→快跑 15min→坐下休息 30min。

2. 预处理

在这个阶段通过图形用户界面进行服装设计、人体及热状态、环境等设置。

3. 模拟计算

预处理之后，就可以进行模拟计算。

4. 结果输出

在模拟计算过程中，所有关键的热性能方面的变量值都保存在一个数据文件中，可以通过 2D 和 3D 可视化方法展示其最终的模拟计算结果。

练习与思考

1. 基于数值模拟的服装设计与传统服装设计各有何优点和缺点?
2. 服装热湿传递过程的数值模拟的关键是什么?
3. Gagge 的人体热生理模型的基本思想是什么?
4. 服装热湿传递的数学模型(Henry 模型)的基本方程是什么?
5. 如何整合人体热生理模型与服装热湿传递模型?

参考文献

[1] Yi Li, Zhongxuan Luo. An improved mathematical simulation of the coupled diffusion of moisture and heat in wool fabric[J]. Textile Research Journal, 1999, 69(10):760 – 768.

[2] Li Y, Holcombe B V. A two-stage sorption model of the coupled diffusion of moisture and heat in wool fabrics[J]. Textile Research Journal, 1992, 62(4):211 – 217.

[3] Li Yi, Mao Aihua, Wang Ruomei. P-smart—a virtual system for clothing thermal functional design[J]. Computer-Aided Design, 2006, 38:726 – 739.

[4] Mao Aihua, Jie Luo, Li Yi. Engineering design of thermal quality clothing on a simulation-based and lifestyle-oriented CAD system [J]. Engineering with Computers, 2011, 27: 405 – 421.

[5] Li Yi, Li Fengzhi, Liu Yingxi, et al. An integrated model for simulating interactive thermal processes in human—clothing system[J]. Journal of Thermal Biology, 2004, 29: 567 – 575.

[6] Gagge A P, Stolwijk A J, Nishi Y. An effective temperature scale based on a simple model of human physiological regulatory response [J]. ASHRAE Transactions, 1971, 77: 247 – 262.

[7] Henry P S H. Diffusion in absorbing media[J]. Proceedings of the Royal Society of London A, 1939, 171:215 – 241.

[8] David H G, Nordon P. Case studies of coupled heat and moisture diffusion in wool beds [J]. Textile Research Journal, 1969, 39:66 – 172.

[9] Li Yi, Zhu Qingyoug. Simultaneous heat and moisture transfer with moisture sorption, condensation, and capillary liquid diffusion in porous textiles[J]. Textile Research Journal, 2003, 73(6): 515 – 524.

[10] Wang Z, Li Y, Luo Z X. Radiation and conduction heat transfer coupled with liquid water transfer, moisture sorption, and condensation in porous polymer materials[J]. Journal of Applied Polymer Science, 2003, 89(10): 2780 – 2790.

第八章

服装感觉舒适性与压力舒适性

人体在穿着服装的过程中，通过服装和环境进行热湿交换，形成服装的热湿舒适性，其对于维持人体体温相对恒定非常重要。除此之外，服装与人体皮肤接触时，由服装材料对皮肤内的感受器的刺激而形成的感觉舒适性也是服装舒适性中的重要内容，特别是贴身服装尤为重要，感觉舒适性往往表现为不愉悦感。另外，当人体运动时，服装对人体运动的束缚程度就表现为运动舒适性，服装对人体运动的束缚表现为产生服装压，过大的服装压会引起人体的不舒适感。

第一节　人体皮肤

一、人体皮肤的构造

皮肤覆盖人体的表面，由表皮、真皮和皮下组织构成，如图8-1所示。表皮平均厚度为0.08mm，真皮层平均厚度为2mm。[1]皮肤厚度因年龄、性别及身体部位的不同而不同，一般而言，男性皮肤比女性的要厚，人体的手掌、足底等部位的皮肤最厚，而眼睑等部位的皮肤最薄。

表皮层是皮肤的最外层，其构成由外往内分别是角质层、透明层、颗粒层和生发层。表皮内没有血管和神经。真皮层位于表皮层的下面，由结缔组织构成，包含大量的胶原纤维、弹力纤维以及丰富的淋巴管、血管、神经和多种感受器。汗腺、皮脂腺也在真皮层中。皮下组织又称为皮下脂肪层，由脂肪小叶及小叶间隔组成。脂肪小叶中充满着脂肪细胞，细胞质中含有脂肪。皮下脂肪组织是一层比较疏松的组织，它是一个天然的缓冲垫，能缓冲外来压力，同时它还是热的绝缘体，能够储存能量。除脂肪外，皮下脂肪组织还含有丰富的血管、淋巴管、神经、汗腺和毛囊。

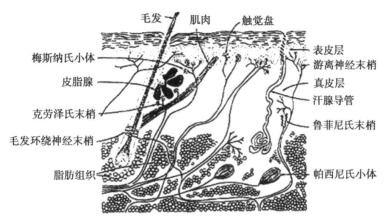

图 8-1　人体皮肤结构示意图[11]

二、皮肤感觉

皮肤感觉是指通过体表部皮肤、黏膜和感觉神经传入的感觉信息。[2]它包含机械感觉、温度感觉和因伤害引起的痛觉。除痛觉以外,各种感觉分别具有不同的感受器,它们是由神经末梢发展变形而成,在表皮与皮下组织之间呈点状分布。因此,把位于皮肤表面的各种类型的感受点分别称为压点、痛点、温点、冷点。

（一）机械感觉

机械感觉分为触觉和压觉。微弱的机械刺激使皮肤触觉感受器兴奋引起的感觉称为触觉;较强的机械刺激使深部组织变形而引起的感觉称为压觉。由于两者在性质上类似,故统称为触—压觉。皮肤内与感受机械刺激有关的各种感受器称为触—压觉感受器,其构造与功能不仅有种属差异,即使在同一种属中随身体部位不同也有很大差异。一般认为,帕西尼氏（Pacinian）小体、梅斯纳氏（Meissner）小体和有毛皮肤部分围绕毛囊的神经末梢是触觉感受器,而梅克尔（Merkel）小体、鲁菲尼氏（Ruffini）末梢和位于深部的帕西尼氏（Pacinian）小体是压觉感受器。

触—压觉的阈值可用刺激刚刚引起触—压觉时作用于单位面积的力（g/mm^2）、皮肤凹陷的大小（μm）或皮肤的压迫速度（mm/s）等来表示。测量材料可以采用马尾毛或已知横断面积的尼龙丝。一般而言,皮肤表面触压点的阈值随身体部位不同而异。用直径250μm、长数厘米的尼龙丝制作的刺激毛来测定时,人体口唇、指尖部等处的阈值为 0.3 ～ 0.5g/mm^2,前臂与躯干部的阈值高于指尖部 10 ～ 30 倍。触压点的密度在人体的分布也不相同,平均为 30 ～ 40 个/cm^2,指尖的掌面比背面的密度大,约为 100 个/cm^2。[2]

（二）温度感觉

位于皮肤上呈点状分布的为温度刺激的感受器称为温度感受器,其组织学结构属于游离神经末梢。根据温度感受器的动态活动可以将其分为热感受器和冷感受器,分别感受皮肤上的热刺激和冷刺激。热感受器在给予热刺激时放电频率增加,当给予冷刺激时放电频率则减少。与此相反,对冷感受器施加热刺激时其放电频率减少,给予冷刺激时其放电频率增加。冷感受器对 −5 ～ 40℃的温度有反应,在 25 ～ 27℃时反应最灵敏,而且它们可对高于

45℃的高温做出反应,这也就是当皮肤暴露于高温时人会体验到矛盾的冷感觉的原因。热感受器在起始温度为30℃的恒温时开始释放,随着温度升高,其变得活跃,当手的温度在45～47℃时最活跃。冷感受器位于0.15～0.17mm的皮肤深处,而热感受器是在0.3～0.6mm的皮肤深处,且前者多于后者。

第二节　服装接触感

一、服装刺痛感与瘙痒感

织物刺痛感已经被证实为服装穿着时接触皮肤的身体最不适的感觉之一。织物刺痛感通常被描述为一种轻微的像针扎一样的感觉,这种感觉是由织物作用于皮肤表面的疼痛感受器而产生的,而不是传统意义上认为的皮肤过敏反应。由刺痛引起的不舒服程度因人和穿着条件而异。瘙痒是与刺痛相似的一种感觉,长期引起局部瘙痒的刺激会导致皮肤发炎。这些感觉在实际穿着场合对穿着者的舒适经历有很重要的影响,因此,开展服装刺痛感与瘙痒感的研究就很有必要。

(一)织物刺痛的机理

关于织物刺痛的机理,传统的观点认为毛纤维引起的刺痛是皮肤的过敏反应。但现代研究表明,织物刺痛的神经生理学基础不是过敏反应。Westerman的研究得到织物刺痛与人的小神经纤维有关的结论。[3] Gamsworthy等人的研究发现了织物刺痛的发生机理[4,5],研究表明织物引起刺痛感的神经生理学基础是织物对皮肤作用的机械刺激引起一组疼痛神经的低级活动,如图8-2所示。当一种织物开始和皮肤接触时,织物上凸出的纤维(毛羽)开始会一起用力,当织物靠近皮肤的时候,这些力变大,凸出的纤维变弯,当来自单根纤维的力达到某种程度时,皮肤中产生大的剪切力,感受器痛觉神经末梢被激活,产生刺痛感。

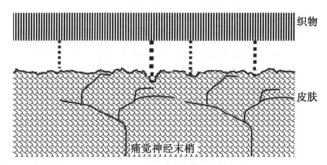

图8-2　织物刺痛机理

(二)影响织物刺痛的因素

织物刺痛主要取决于突出织物表面的毛羽的密度及其力学性能、织物和纱线对毛羽的约束以及人体的因素,其中突出织物表面的毛羽最为关键。

1. 毛羽的因素

毛羽的抗弯强度、密度等对织物刺痛影响很大,研究表明,如果高承载负荷纤维端密度小于 3 根/10cm²,或接触面积小于 5cm²,则不会感知织物刺痛。[6]

2. 织物和纱线的结构

织物和纱线的结构对织物刺痛的影响是通过对突出织物表面的毛羽的约束程度来反映的。织物和纱线的结构主要是指织物和纱线的紧密度。织物结构松散,纱线捻度小,则织物或纱线对毛羽的约束小,当毛羽受到外力作用时,就容易向织物方向避让,减小了毛羽对皮肤的作用力,从而减轻了毛羽对皮肤的力学刺激。

3. 人体的因素

人体的因素主要反映在皮肤状态上。人体皮肤的状态与性别、年龄等因素有关。男性的阈值高于女性,且刺痛敏感性差异大。皮肤的刺痛敏感性随年龄增大而下降。研究表明,刺痛神经末梢离有毛发的皮肤很近,但在光滑皮肤中不是这样的,这就解释了手指正面没有刺痛感的原因。刺痛敏感性随皮肤含湿的增加而增强,这主要是因为水分会软化皮肤表层的角质层,使外部机械力更容易刺扎皮肤。

(三)刺痛感的评价

织物刺痛感的评价主要有主观评价和客观评价两种方法。

1. 主观评价

主观评价方法就是通过人体对织物刺痛作用的直接感受来评价织物刺痛,有人体前臂试验和人体穿着试验两种方式。[7]前臂试验就是把织物试样悬挂或绑在测试者的前臂上,移动和拍打织物,记录测试者的感觉,由此可以确定被测试织物的刺痛程度。人体穿着试验就是试穿者直接穿着用被测织物制作的服装,根据主观感觉评价的方法对服装的刺痛感进行评价。一般把刺痛感划分为 6 个等级,分别对应不同的刺痛程度。

2. 客观评价

由于刺痛感主要取决于突出织物表面的毛羽,因此,通过对毛羽的测量可以评价织物的刺痛。根据前面的知识,有毛羽不一定就产生刺痛,突出织物表面的毛羽必须具有一定的初始模量才行,因此测量时必须能够分辨出初始模量大的毛羽。Matsudaira 等人利用唱片机原理,设计了一个测量毛羽的拾音装置,如图 8-3 所示。测量划片产生输出信息,根据输出信号的大小和频率,判断突出毛羽的数量与硬挺程度。[8]可刺扎毛羽的直接评价是客观评价中最有效和直观的方法。测量时将被测纤维做成纤维针(单根纤维)或纤维刷(若干纤维),进行低应力下的刺扎。[9]

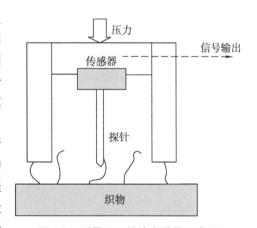

图 8-3　测量毛羽的拾音装置示意图

(四)瘙痒感

瘙痒感和刺痛感相似,也是由一些皮肤表面疼痛感受器的激活而产生的。[10]一般情况下,一块给人刺痛感的织物常常会使人产生痒的感觉。大量的穿着心理测试表明,着装瘙痒的感知能力与刺痛感极为相关,这两种感觉同属于触觉感觉因子。[11]因此,影响织物刺痛的因素也将影响织物的瘙痒感。Li 的研究发现瘙痒感知能力与纤维直径、轻压和重压时织物的厚度及织物表面粗糙度有关。[12]

二、服装瞬间冷暖感

（一）瞬间冷暖感的定义

人体接触服装时,由于两者温度不同而产生热量的传递,导致接触部分的皮肤温度下降或上升,从而与其他部位的皮肤温度呈现出一定的差异,这种差异经神经传导至大脑所形成的冷暖判断及知觉称为瞬间冷暖感。[13]炎热季节时,要求服装具有冷感;相反,寒冷季节时穿的内衣要求保暖,无明显冷感。

瞬间冷暖感主要是人体与服装间的温度不相等造成的,如果人体体表温度比服装高,那么就会有冷感,但随着时间延长,服装的温度与人体温度逐渐相同,就不再有冷感。

（二）瞬间冷暖感的测量

1. 最大热流束法

利用加热铜板模拟人体皮肤,加热铜板的温度与人体皮肤温度相当,测量时,将衣料置于加热的铜板上,测量由加热铜板向织物的瞬间导热率。导热初期的最大热流束值越大,就会感到越冷。日本学者川端研制的 KESF-TL Ⅱ型精密热物性测试仪就是一个测量织物瞬间冷暖感的仪器。

2. 热浸透率法（仲氏法）

日本学者仲氏提出用物理特性值热浸透率 b 来表示瞬间冷暖感,它与最大热流束法在理论上具有一致性。热浸透率 b 的计算式为:

$$b = \sqrt{\lambda \cdot \gamma \cdot c} \tag{8-1}$$

式中: b 为热浸透率,$kJ/(m^2 \cdot K \cdot s^{\frac{1}{2}})$;

λ 为衣料的导热系数,$W/(m \cdot K)$;

γ 为衣料的密度,kg/m^3;

c 为衣料的比热,$J/(kg \cdot K)$。

（三）瞬间冷暖感的影响要素

1. 织物的导热系数

织物的导热系数高,人体皮肤表面热量传至织物迅速,相应产生冷感;反之,织物的导热系数低,人体皮肤表面的热量传至织物缓慢,相应产生暖感。[13]

2. 织物结构

织物的紧密度、表面性状等因素均会影响瞬间冷暖感。表面绒毛多且结构松散的织物具有暖感,主要原因是织物中包含更多的空气,织物的导热系数低。相反,结构致密、表面光滑的织物具有冷感,此时织物与皮肤接触的表面积较大,热量容易传递。研究表明当织物的孔隙率从 0.95 降至 0.65 时,毛织物的冷感提高 55%。[11]

3. 织物含水率

织物回潮率越高,则含水率越高,越容易产生冷感。

4. 服装压力

服装压力越大,服装与人体的接触面积也就越大,减少了服装内和服装间及服装与人体间的空气层,从而使热量更容易传递,所以冷感越强,但达到一定程度后,冷感则几乎不再变化。

5. 人体部位

研究表明,人体各部位在受到同等程度的冷刺激后,其皮肤温度的下降程度有显著差异,按由大到小的顺序依次为左胸部与左腹部、左大腿后侧与右小腿、后腰左侧、右上臂前侧与左前臂、后背左侧、右大腿前侧。[17]

第三节　服装的压力舒适性

一、服装压力舒适性的定义

人体穿着服装之后,或多或少会受到服装的约束,服装的约束会束缚人体的运动。服装对人体的运动束缚就是服装的重量或服装的弹性变形对人体产生的负荷,这种由服装垂直作用于人体产生的力称为服装压力,简称服装压。服装压有三种形式:① 服装自重引起的垂直负荷,这类服装压在防护服、防寒服装、婴儿和老年服装上显得很重要;② 服装形态形成的负荷,也就是指服装太紧而对人体产生的力,如中国古代的裹脚、西欧的紧身胸衣、日本和服的腰带、韩国的裙腰等产生的压力;③ 由人体运动引起服装变形,导致服装材料产生应力而约束人体,常常发生在肘、膝及背部等,这种压力与服装的着装感,尤其与服装的运动功能性密切相关。

人体对服装压的承受能力是有限的,当服装压超过 $2.94 \times 10^2 \sim 3.92 \times 10^2$ Pa 时,着装者会感到活动受阻,导致人体疲劳,甚至会影响到人体血液循环。[16]因此,合理的服装压会使着装者运动自如,感觉舒适。服装允许人体自由运动,减少对人体的束缚,保持穿着者运动舒适的性能称为服装压力舒适性,也称为运动舒适性。[11]

在分析人体运动时,有 3 个基本成分可迎合皮肤应变要求:服装合身性、服装的滑移及织物的延展性。[11]合身的服装应留有空间吸收皮肤的应变,服装的宽松量的大小决定了这个空间吸收皮肤应变的大小。当服装的宽松量不足以吸收皮肤的应变时,服装的滑移或织物的变形就成为服装满足皮肤应变的方法。服装滑移的难易主要取决于皮肤与织物之间及服装的不同纱层之间的摩擦系数。织物延展性主要取决于织物弹性和弹性回复性能。服装是滑移还是服装本身延伸主要取决于织物内部的张力及皮肤与织物之间的摩擦力是否平衡。如果织物延伸阻力小且与皮肤或织物之间的摩擦力大,服装就倾向于延伸而不是滑移;反之,则服装会发生滑移。但如果织物的延展性不好且与皮肤或织物之间的摩擦力大,则服装可能就会对人产生压力感,使人感觉不舒适。

二、人体的运动及体型的变化

（一）人体的运动系统

人体的运动系统产生人体的运动。人体运动系统由骨、骨连结和骨骼肌组成。运动是骨骼肌在神经系统支配下进行收缩，通过骨连结牵动骨而产生的。

人体骨骼是身体的支架，由200多块骨构成，每块骨都有一定的形状和结构，并具有一定的功能。

骨连接就是骨与骨互相连接的结构，分直接连结和间接连结。直接连结是通过致密的结缔组织、软骨把相邻两骨连接起来，或两骨直接相连。直接连结活动度小或不活动，所以也称为不动连结。间接连结也称为关节，相互连接的两骨间有空隙，内有少量滑液，在骨骼肌的牵引下可灵活运动。关节的运动可分为屈与伸、内收与外展、旋内与旋外以及上举与下落四组。

骨骼肌附着在骨骼上，它们具有支持身体、保护体内器官和进行各种运动等功能。骨骼肌的收缩受人的意志控制，能进行随意活动。全身骨骼肌重量约占体重的40%。骨骼肌按其形态分为长肌、短肌、扁肌和轮匝肌四类。不同类型的骨骼肌分布在人体不同的部位。长肌主要分布在四肢，收缩时显著缩短，可产生幅度较大的运动；短肌大多位于躯干部的深层，运动幅度较小。扁肌多分布在胸腔段上，除运动外还有保护胸腔、腹腔内器官的作用。轮匝肌多分布在孔、裂周围，收缩时可关闭孔、裂。

（二）人体体型的变化

人们在生活、学习、工作过程中都伴随着一定的动作，特别是参加球类、跑步等体育运动时，运动幅度会更大，相对于静止体型而言，这时人体会表现出临时体型的变化。人体运动时由于骨骼肌的收缩和骨骼位置的变化而导致人体的形体发生变化。骨骼肌收缩时，其肌腹变粗隆起，使肢体周长增长，图8-4是肘关节屈曲时，上臂周长的变化情况。人体关节运动会使关节连结的两骨的位置发生变化，从而导致人体的周径和长度方向的尺寸发生变化。肘、膝等关节的屈伸导致的体表长度的变化就是关节连结的两骨位置变化的结果。除此之外，肋骨随着人体呼吸也会发生位置的变化，导致人体胸部体周长发生变化；锁骨和肩胛骨也在肩上下运动时使体干长度发生变化。

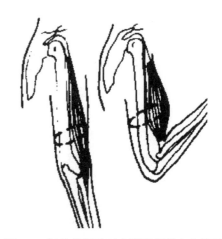

图8-4 肘关节运动时上臂周长的变化情况

皮肤是运动时形体变化的要素之一，具有适应骨骼肌隆起和骨位移的特性。皮肤适应人体的运动，首先是因为皮肤具有伸缩性，皮肤的真皮组织中具有很多弹性纤维；其次是因为皮肤上存在各式各样的皱纹和纹沟，这些皱纹与纹沟通过开闭来适应运动变形；皮肤与其下层产生位移也是皮肤能够适应运动变形的一个原因。

人体姿态与运动引起人体不同部位附近的体表皮肤发生相应的形变，了解皮肤的形变对于设计合体性与运动性相协调的服装来说是至关重要的。测量人体动态形变的方法主要有未拉伸线法、体表划线法、石膏带法与俫印法。[15] 膝盖、臀部、后背和手臂的肘弯处是皮肤关键的变形区。通过在皮肤表面规则区间画出一系列线条测量最大皮肤应变及随着身体运动而产生的局部皮肤尺寸的变化,表8-1是局部皮肤变化的情况。[11] 从表中可以知道皮肤具有良好的双向延展性,而且男性和女性之间皮肤变化率的差异很小。

表8-1　局部皮肤变化情况

人体部位	人体姿态	局部皮肤变化率/%			
		水平		垂直	
		男性	女性	男性	女性
膝部	站→坐	21	19	41	43
腹部	站→深弯	29	28	49	52
肘部	直→全弯	24	25	50	51
臀部	站→坐(全部)	20	15	27	27
	站→坐(裆部)(臀尖部)	42	35	39	40
	站→弯(全部)	21	17	27	27
	站→弯(裆部)(臀尖部)	41	37	45	45

三、舒适服装压范围

好的服装应该适合着装者的体形,不妨碍人体的血液循环和呼吸等人体基本生理活动,且利于人体运动;过紧、过重的服装都会给人有压迫感,阻碍人体的运动,使人感觉不舒适。Deton 使用弹性材料制作的带子围在身体的某一部位并拉伸,从而估算出不舒适压力的最低限度。Deton 得出服装不舒适的临界压力大约为$70g/cm^2$,这与皮肤表面毛细血管的血压平均值($80g/cm^2$)相当。[16] 表8-2是各类服装的压力范围。[11]

表8-2　各类服装的压力范围

服装款式	压力/(g/cm^2)	服装款式	压力/(g/cm^2)
游泳衣	10～20	医用长袜	30～60
紧身胸衣	30～50	紧身服	<20
针织围腰	20～35	西裤背带	60
弹性袜带	30～60	—	—

Momota 等研究了日本妇女长筒袜的服装压,测试了穿着这种袜子时的服装压和人的感觉。研究表明:在休息站立时小腿下部的压力应在 0.67～1.33kPa 范围内。[12] Homata 等还研究了日本男袜的服装压情况,确定了男性穿着短袜时的舒适压力范围:上部 1.33kPa,踝部 0.67～1.33kPa。[13]

Makabe 等测量紧腰衣和腰带处的服装压,并记录受试者对服装压的感觉。测试表明腰部压力是覆盖面积、呼吸和服装随身体运动的能力的函数。研究报告了受试者对腰部压力的感觉评价:① 压力在 0～1.47kPa 时无感觉或无不舒适的感觉;② 压力在 1.47～2.46kPa

时的感觉可忽略不计或有轻微的不舒适感;③ 压力超过 2.46kPa 时感觉极不舒适。[14]

四、服装压对人体的影响

合适的服装压可以修正着装者的体形,提高机体的运动机能,缓解运动中的肌肉紧张。但过大的服装压容易使没有骨骼保护的内脏变形与变位,影响人体正常的血液循环、呼吸等生理活动。

（一）服装压对心脏搏动的影响

日本学者川村利用弹性紧身带研究服装压对人体的影响。通过勒紧弹性紧身带不同的长度来施加不同的压力,勒紧越长施加在人体的压力就越大。试验时记录受试者的心电图,计算出心跳间隔时间,结果如表 8-3 所示。从表中可以看出,随着压力增大,心跳间隔有缩短的趋势。

表 8-3　心跳间隔与弹性紧身带压力的关系　　　　　　　　单位:s

测试条件		受试者 1	受试者 2	受试者 3
加压前		0.696	0.818	0.642
加压	勒紧 1cm	0.741	0.762	0.641
	勒紧 2cm	0.639	0.777	0.567
	勒紧 4cm	0.635	0.799	0.603
	勒紧 8cm	0.611	0.784	0.584
去压	马上测	0.668	0.713	0.561
	10min50s	0.673	0.764	0.566
	20min50s	0.685	0.791	0.568

（二）服装压对人体呼吸的影响

图 8-5 是川村测量的呼吸数与腹部压力的关系。呼吸数是每分钟内的呼吸动作的次数（一般取吸气动作）。从图中可以看出,轻度加压时,呼吸数比加压前有减少的趋势,但当压力增大到某个数值时,呼吸数急剧增加,增加开始的时间因人而异。图 8-6 是人体肺活量与服装压的关系,随着服装压增加,人体肺活量逐渐减少。

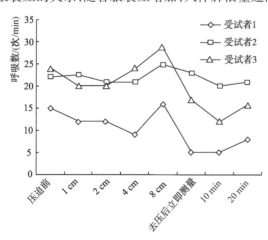

图 8-5　呼吸数与服装压的关系

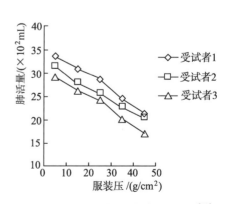

图 8-6　人体肺活量与服装压的关系[15]

（三）服装压对人体形态的影响

流行于 18—19 世纪的女性紧身胸衣,过大的服装压造成女性的胸部、胃部的位移和变形,危害了人体的健康,如图 8-7 所示。[15]

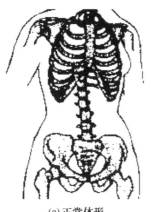

(a)正常体形　　　　　　(b)穿着紧身胸衣后变形的体形

图 8-7　服装压对人体形态的影响

日本研究人员米田幸雄测量了日本妇女和服圆腰带和名古屋带的压力,并同时用 X 射线检查了受试者内脏器官的位置、形态的变化情况。研究表明,压力小于 $40g/cm^2$ 时,受试者胸腹部内脏各器官的位置、形态及生理功能没有显著变化,当压力大于此值时,内脏器官的位置和形态会随着压力增大而发生变化,影响其生理功能,从而妨碍人体的健康。

研究表明,女用收腹短裤会使人的横隔膜推向上方,导致人的呼吸受到限制,心脏向右倾斜,肺部循环障碍,胃部上下伸长。因此,穿着这种过紧身的服装会诱发胃下垂、消化不良、十二指肠溃疡等疾病。

五、服装压力舒适性的评价

（一）客观评价

1. 评价指标

服装压力舒适性的客观评价指标主要有着装拘束指数和服装压两种。着装拘束指数是早期研究人员使用的指标,通过着装前后服装表面积的变化来客观评价服装压力舒适性,其计算公式如下:

$$k = \frac{A_1 - A_2}{A_2} \times 100\% \tag{8-2}$$

式中：k 为着装拘束指数;

A_1 为着装前服装的表面积,cm^2;

A_2 为服装覆盖的人体表面积,cm^2。

服装压是服装压力舒适性的另一个客观指标,近几年来研究人员常用该指标来评价服装压力舒适性。

2. 服装压的测量

服装压的测量有直接测量和间接测量两种方法。

（1）直接测量法。

直接测量法就是在人体着装的状态下,利用压力传感器直接测量人体某部位的服装压。根据压力传感器的不同可以将直接测量法分为流体法、电阻法和气囊法三种。

流体法就是将内置水或空气的橡皮球作为压力感受器的一种测量方法,如图 8-8 所示。橡皮球通过橡皮管与 U 形水银压力计相连,压力计上的读数就是要测定的服装压。这种方法简单直接,但橡皮球的大小及厚度对测量结果有影响,且不适合测量动态服装压。

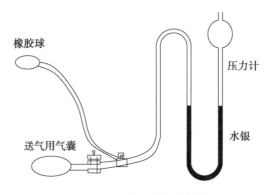

图 8-8　流体法测量示意图

电阻法就是采用电阻应变片或半导体压力传感器作为压力感受器的测量方法。电阻应变片的阻值随着形变而发生变化。将带有电阻应变计的传感器插入衣服内时,服装压使应变片产生变形,导致应变片的电阻值发生变化,这样就把服装压的变化转化为电阻的变化。这种测试装置体积小,重量轻,测试精度高,测试结果稳定,可以实现动态服装压的测量。半导体压力传感器法比电阻应变计法的测量精度更高,能够实现低压力下的高精度测量。

气囊法可以看作是上述两种方法的综合。这种方法是用厚度在 3mm 以下的气囊感受服装压的变化,气囊就相当于流体法中的橡皮球,但气囊中是空气;然后用与气囊连接的半导体压力传感器测量着装状态下的动态服装压。该方法受人体形态、服装材料等因素的影响小,能够测量动态服装压。日本 AMI 公司的气囊式压力测量系统是目前常用的服装压力测量装置,系统由气囊式传感器、主机、数据转换器以及其他附件组成,压力测量范围为 0 ～ 34.0kPa,图 8-9 是 AMI-3037 测量系统。

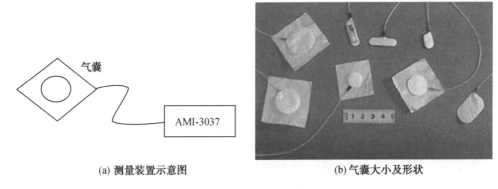

(a) 测量装置示意图　　　　　　　　　　(b) 气囊大小及形状

图 8-9　AMI 服装压力测量装置

（2）间接测量法。

间接测量方法包括理论计算法和拱压法。

理论计算法是根据 Kirk 等人提出的公式间接计算服装压的方法。若着装时衣料某点在经纬方向的曲率半径为 r_h，r_v（cm），张力为 T_h，T_v（N/cm），则该点的服装压 P 可以用下面的公式计算：

$$P = \frac{T_h}{r_h} + \frac{T_v}{r_v} \tag{8-3}$$

该式是 1966 年 Kirk 等人在第 35 届纺织研究协会年会上发表的。

人体的曲率可用如图 8-10 所示的方法测定。[16] 曲率半径可由式（8-4）得到。

$$r = \frac{1}{2h}(\phi^2 + h^2) \tag{8-4}$$

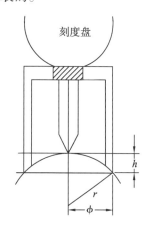

图 8-10 人体曲率测量方法

式中：r 为曲率半径，cm；

ϕ 为物体被测部位的半弦长，cm；

h 为装置框以上的物体高度，cm。

拱压法属于模拟方法，就是利用石膏或合成树脂做成肘、膝等部位的凸起模型，在起拱处贴置压力传感器，测定服装对凸起部位的压力。这种方法的特点是可以测出接近穿衣时的服装压，但模型制作较繁琐，不可能测量连续动作引起的服装压变化。在这一方法基础之上最近制作了用于服装压测试的假人，开发出了服装压假人测试系统。[18]

（二）主观评价

主观评价是服装压力舒适性评价的一个重要方法，可以很好地评价人体穿着服装后的实际感觉。用于服装压力舒适性的主观评价指标有束缚感、压迫感、厚重感等，可利用心理学标尺来进行。主观评价舒适性的方法很多，主要有成对比较法、排序比例尺法、语义差异标尺法等。服装压力舒适性主观评价中常用的是语义差异标尺法。

练习与思考

1. 名词解释：刺痛感、瞬间冷暖感、服装压力舒适性。
2. 简述服装刺痛的机理。
3. 影响服装刺痛的因素有哪些？
4. 简述测量瞬间冷暖感的两种方法。
5. 影响服装瞬间冷暖感的因素有哪些？
6. 简述流体法、电阻法及气囊法测量服装压的原理。
7. 简述过大的服装压对人体的危害。

参考文献

［1］黄建华.服装的舒适性［M］.北京:科学出版社,2008.

［2］范少光,汤浩,潘伟丰.人体生理学［M］.北京:北京医科大学出版社,2000.

［3］Westerman R A, Garmsworthy R K, Walker A, et al. Aspects of human cutaneous small nerve function: Sensation of prickle and itch［C］. Presented at 29th IUPS Satellite Symposium, Budapest,1984.

［4］Garmsworthy R K, Gully R L, Kenins P, et al. Transcutaneous electrical stimulation and the sensation of prickle［J］. Journal of Neurophysiology,1988, 59:1116 – 1127.

［5］Garmsworthy R K, Gully R L, Kenins P,et al. Identification of the physical stimulus and the neural basis of fabric-evoked prickle［J］. Journal of Neurophysiology,1988, 59: 1083 – 1097.

［6］Garmsworthy R K, Gully R L, Kenins P,et al. Understanding the causes of prickle and itch front be skin contact of fabrics［J］. Australian Textiles, 1988,8:26 – 29.

［7］于伟东.纺织材料学［M］.北京:中国纺织出版社,2006.

［8］Matsudaira M, Watt J D, Gamaby G A. Measurement of the surface prickle of fabrics Part I: The evaluation of potential objective methods［J］. Journal of Textile Institute, 1990,81: 288 – 299.

［9］Veitch C J, Naylor G R S. The mechanics of fiber bucking in relation to fabric-evoked prickle［J］. Wool Technology and Sheep Breed, 1992,40:31 – 34.

［10］Willis W D. The Pain System: The Neural Basis of Nociceptive Transmission in the Mammalian Nervous System［M］. Basel: Karger, 1985.

［11］李毅.服装舒适性与产品开发［M］.北京:中国纺织出版社,2002.

［12］Momota H, Makabe H, Mitsuno T, et al. A study of clothing pressure caused by Japanese women's high socks［J］. Journal of the Japan Research Association for Textile End uses, 1993, 34:603 – 614.

［13］Momota H, Makabe H, Mitsuno T, et al. A study of clothing pressure caused by Japanese men's socks［J］. Journal of the Japan Research Association for Textile End uses, 1993, 34: 175 – 186.

［14］Momota H, Makabe H, Mitsuno T, et al. Effect of covered area at the waist on clothing pressure［J］. Sen-i-Gakkaishi, 1993, 49: 513 – 521.

［15］田村照子.衣环境の科学［M］.东京:建锦社株式会社, 2004.

［16］陈东生.服装卫生学［M］.北京:中国纺织出版社,2000.

［17］李俊,张渭源,王云仪.人体着装部位间皮肤冷感受之差异性研究——局部皮肤温度变化的多重比较［J］.东华大学学报(自然科学版),2002,28(3):13 – 19.

［18］张文斌,方方.服装人体工效学［M］.上海:东华大学出版社,2008.

第九章

功能性服装

随着科技经济的发展、社会文明的进步、社会化大分工的细化，人们日益关注生活环境、工作空间。在新科技的推动下，人们所探索的地理和空间范围逐渐扩大，所接触的天然的和人为的气候条件更加严酷复杂，为了适应、改善生活和工作环境，越来越多的行业需要特殊功能的服装，功能性服装在服装需求中占据的比重日益上升。当前，功能性服装研究领域在不断扩大，从款式设计到功能性纤维面料，从人体工效学到生理机能，从特定行业到日常生活需求，等等。

本章在介绍功能性服装概念及分类的基础上，重点介绍了功能性服装中的隔热防火服装、飞行服、宇航服这三大防护功能服装的发展历程、结构分类及功能性应用。

第一节　功能性服装概述

一、功能性服装的概念及分类

功能性服装是应人们生活和工作环境尽可能安全、舒适的要求设计制作的一类服装，能够在舒适、卫生、保健、防护等方面能发挥极强的功效。功能性服装是针对生活、工作环境所处的条件，以维护穿着者安全、健康、舒适为研究目标，注入所涉及的科学技术，严格控制服装的质量而制作生产的一类特殊服装。

功能性服装一般可分为防护功能服装和发生功能服装两大类。防护功能服装通常是指人体暴露在恶劣环境(如高温、低温、高压、低压、缺氧、超重)，或经常接触危险物品(放射性、腐蚀性、毒性)，或处于可能遭受物体打击或液体飞溅物的伤害时，能够尽可能地保护着装者安全、降低人员伤亡的防护服装，如防火服、隔热服、防弹服、飞行服、航天服、户外服、防化服、防辐射服、防尘服、医用抗菌服、潜水服等。发生功能服装是指材料或服装本身能散发出某种物质或产生某种现象，主动保护或保健人体的服装，如功能性运动服、吸热蓄热保暖户外服、抗菌除臭服、防晒服、记忆服装、磁疗保健服、发光服、隐形服、美体塑身衣等。

二、功能性服装的起源

人们最早对服装功能性的研究源于对服装危害性的认识。在西方,功能性服装思想萌芽可追溯到古希腊的皮肤呼吸论[1]。西方错误的"头寒足热"论[2]、罗马时期的"冷水的头盔"[3]、16世纪欧洲盛传的在皮肤上覆盖温暖厚重的衣物利于健康的"第二皮肤呼吸论"、16世纪西班牙的束胸运动[4]以及中国古代的女性裹脚行为等都引发了人们对功能性服装的反思[5]。随着科技的发展,直到18世纪后期,人们才开始用理性的眼光来审视服装的功能性。19世纪末,服装功能性方面的科学研究逐渐开始出现,而大规模的功能性服装的研究始于第二次世界大战期间,因严寒导致的非战斗性士兵伤亡数目巨大,由此引发各国都加强了对服装的功能性研究,并积累了大量的实验数据,为功能性服装的发展奠定了基础。

我国对服装的功能性研究萌芽于20世纪60年代的解放军总后军需装备研究所对服装隔热性能的评估。20世纪70至80年代,一些研究所和知名高校涌现出了一批研究学者,对服装功能性开展了系统的研究。20世纪末,我国在服装功能性领域的研究取得了很大进展,主要有利用暖体(出汗)假人对服装整体热湿传递性能的研究[6]、服装主观服用感觉与生理量关系的研究[7]、衣下微气候动态状况的研究[8]等方面。近年来,随着新功能性材料的研究进展,我国在载人航天、潜水等特殊环境中使用的功能防护服装的研究也取得了重大进步,如:2008年,中国研制的第一套舱外航天服"飞天"第一次在距地球300多千米的茫茫太空"亮相",中国一跃成为世界上第三个掌握舱外航天服关键技术的国家。2015年,中国首台航天多激光金属3D打印机在上海航天设备制造总厂诞生,中国航天科技集团公司研究人员利用3D打印技术,已实现了舱外航天服通风流量分配管路和法兰产品的一体化成型。

三、功能性服装的研究内容

1. 人体-服装-环境

1959年,美国Natic研究所最先从材料的性能、服装设计人体及精神因素这3个互相联系的要素来讨论士兵服装,然后形成了一种服装、人体及其生理、环境三者相结合的整体论观点,开启了对服装舒适性和功能性的研究。[9]首先,服装是人体最亲密的环境,它也是人体的延伸,可赋予人体所不具备的特殊功能;其次,服装作为准生理系统,通过调节人与环境间的热湿交换,增强人体对冷热环境的适应性,维持了人体基本的热湿平衡,这在适应特定外界环境条件的功能性服装上表现得更为明显;此外,随着人类涉足的空间领域不断扩大,所接触的天然的和人为的气候条件更为严酷,为了更好地生存,须在人体功效学和服装舒适性的理论指导下,开发出特种环境下穿着的工作服、防护服,从而保证从业人员的安全,提高工作效率。

2. 人体生理学

人体本身是一个复杂的系统,体温的相对恒定和新陈代谢是维持人体正常功能和活动的基本保障。人体具有调节体温的机能,如暑热时皮肤温度升高而出汗,严寒时手足发冷而产生寒颤,这些都是为了保持体温恒定而产生的生理反应。只有在认识和掌握人体自身的调节机制和耐受程度的基础上,结合所处的恶劣环境条件,才能为特种行业的从业人员研究出更好的功能性防护装备。

3. 服装的气候调节功能

与人体的体温调节相对应,服装有辅助体温调节的能力。服装要适应环境条件和人的运动强度,还须兼顾人的生理特性,因而对服装的气候调节功能的研究主要包含环境的冷热、人与冷热环境以及影响衣下微气候的服装因素等多方面的研究内容。面对多样的气候条件,人要根据气候变化适当地着装以保证舒适的生活,即服装可以辅助人体进行体温调节,保证人们舒适健康。其中,服装和皮肤之间微小空间的温度、湿度和气流构成的服装内气候具有抵御外界气候对人体的侵袭、维持人体体温恒定的能力。人所感知的服装内气候的温冷感、润湿感,与人体机能(如发汗、体温调节等)、面料性能、湿热传递特性、服装的款式设计及结构层次等有关。

4. 服装的安全防护功能

服装的首要功能就是服装的防护实用特性。服装可以在不同程度上遮掩和保护人体,维护人类的尊严和抵御自然界环境中不利的侵袭及危害,维持人体的安全。社会的进步和探索空间的扩大使人类面临更多的安全隐患,如机械外力、物理外力、化学外力、生物外力等危害人体的外力。为防御这些危害因素,对于人类,尤其是特殊环境中的工作人员而言,特种服装防护是必不可少的。服装的安全防护功能主要体现在服装自身的无害性和对外来危险因素的防护性两方面。

5. 环境因素

人体通过服装与周围环境保持热平衡,着装的人体必然与所处环境发生错综复杂的联系并相互作用。在高、低温环境中,人体热平衡受到破坏,体温调节逐渐出现故障,易导致人体生理及病理等的变化,如在极端的火灾环境、极地环境、宇宙空间、深海等条件下,甚至会威胁人的生命安全。

四、功能性服装的研究途径

1. 环境气候模拟试验

根据环境的多种参数,利用特定的设施,根据不同的要求模拟不同的环境气候要素,再现各种自然环境条件,进而使用测试装置检测纺织品及服装的性能,提供尽可能接近实际的试验依据,保证试验的相对可靠性,尽可能接近真实条件下服用者的感觉。

当前,人工环境模拟已成为极端环境功能性服装检测的必备程序。人工环境模拟设备主要有人工气候室、模拟燃烧环境实验室、高温实验室、温度冲击试验箱、紫外线老化试验箱、高低温试验箱、氙灯老化试验箱等。此外,研究火灾安全性的锥形量热仪能模拟火灾的环境,研究小型阻燃试验结果与大型阻燃试验结果的关系,并能分析织物所用阻燃剂的性能和估计阻燃织物在真实火灾中的危险程度。

2. 假人模拟试验

假人模拟试验是从人体机能调节和人体的心理着装感受出发的研究方法,如假人模拟技术,通过暖体假人和出汗假人进行试验,检测在极端条件下功能服装的各种特性。[10] 功能性服装中应用较多的是"暖体(出汗)假人"和"燃烧假人"。

国外比较著名的"燃烧假人"有杜邦公司改进的假人 Thermo-Man®、美国北卡州立大学的 PyroMan 火人、加拿大阿尔伯特(Alberta)大学研制的火人等。2011 年,我国东华大学成功研制了"东华火人",着装后的燃烧假人提供了人体与火灾环境交互的有效测试平台,方便后续开展防护服阻燃性能的传热传质学研究,并能有效地进行人体组织烧伤分析等生物物理学研究。

3. 仿生学模拟

仿生学模拟是利用纤维等材料性能的材料学及环境工程学等学科的研究方法去研究服装的功能性,具体是运用这些特定材料的优异性能、产生的功能原理和作用机理等知识模块。例如,连体泳衣"鲨鱼皮"是模仿鲨鱼表面皮肤的特征,在服装表面制造出很多"V"形的粗糙褶皱,纵向排列特制的"V"形纹理降低了运动员游泳过程中与水流之间的摩擦阻力,有效提升了游泳速度,接缝处参考人类骨骼肌肉结构进行设计调整,方便运动员向后划水时获取更大的动力。英国学者模仿"松球原理"(在繁殖季节,松树的松球能自动打开其鳞片状的孢子叶,孢子叶会随着外界环境相对湿度的改变发生角度的移动),利用新微观技术制成了表层有无数类似松球鳞片的微小凸起的特种面料,制作的仿生智能全天候服装可保持服装内微气候恒定,使人始终处于舒适、健康的稳态环境中。[11]科学家还根据长颈鹿利用紧绷的皮肤可控制血管压力的原理,研制了飞行服中的"抗荷服"。抗荷服上安有充气装置,随着飞船速度的增高,充气装置可以充入一定量的气体,从而对血管产生一定的压力,使宇航员的血压保持正常。同时,宇航员腹部以下部位是套入抽去空气的密封装置中的,这样可以减小宇航员腿部的血压,利于身体上部的血液向下肢输送。

五、功能性服装的发展趋势

功能性服装的研究目的是为着装者开发舒适、安全、功能性兼备的防护服装,从当前的研究现状来看,功能性服装的发展主要呈现以下特点:

1. 融入高科技,功能性不断优化

随着科技的飞速发展,新的生产工艺、设备和原材料不断涌现,尤其是纤维差别化、功能化和高性能化的发展趋势使功能性服装的性能不断优化。例如,保暖材料中使用了中空纤维、异收缩纤维及远红外纤维等多功能性纤维;在阻燃和热防护领域,Nomex 纤维、Kermel 纤维、Basofil 纤维、PBI 纤维、PBI Base Guard 纤维等高性能纤维制作的阻燃隔热防护服已逐渐推向市场。随着超细纤维、"形状记忆"材料、高分子微孔薄膜复合织物、远红外陶瓷纤维和高强纤维等的应用,功能服装的防护性能得到了显著提高。其中,国际消防安全展(Interschutz 2015)展出的兰精 FR®耐热纤维做成的兰精 FR®消防服,每层都具有防护效果和舒适性,可以保护消防员远离由于热聚集而引起的热应力,提升消防队员救援工作的效率。

2. 多功能化

功能性服装趋于向兼顾多功能、集多种防护功能于一体的方向发展。例如,阻燃隔热防护服不仅要具有阻燃性、隔热性,还须具备透气性、防水性、防化性能等;消防服不仅要具备阻燃性、防水性,还须具备隔热防化性能。目前,从纤维的研发到面料的加工,从多功能服装材料的研制到特种功能防护产品的开发组合,正在逐步实现防护产品的多功能化。随着高技术纤维的开发和应用,以及织物复合与后整理加工技术的不断成熟,未来的功能性防护服装将会是提供更全面防护的一种载体。

3. 舒适健康化

任何环境下,服装的舒适性都十分重要。功能性服装的研制在强调防护功能的同时,更应协调好舒适性与功能性的关系,注重研究衣内微气候调节,进行抗菌加工,减轻个体的重量负荷和热湿负荷。例如,PTFE 等多功能复合材料技术的成功研发,为功能性服装的舒适性与功能性共存提供了途径;兰精 FR ® 织物的透气性能能降低人体温度,提升消防员的耐热水平,增加的耐热性能相当于 16W 的热量。

4. 绿色环保化

绿色环保、低碳节能是当今倡导的生活方式的主题,同样,在功能性服装的制造与使用过程中,如何做到有效地减少损耗、降低污染也是非常重要的研究方向。除了改进制造工艺、开发新型环保面料外,人们更注重延长功能性服装的使用寿命,对功能性服装回收再利用。

5. 结构设计及制作工艺更精湛

功能性服装的制作工艺与高新技术的结合越来越紧密,模式化生产系统、柔性生产系统、吊挂式传输系统、单元同步生产系统等,被广泛应用于现代服装生产之中。同时,计算机辅助设计与制造系统的广泛应用,可以克服加工工艺不一致、质量不稳定的问题,有效提高了服装产品的质量和生产效率。例如,阻燃防护服的生产须从阻燃纤维的选择、纱线的设计、面料的开发、服装的结构设计,甚至性能检测等各方面进行全方位的考虑,这是一个完整的开发过程,一旦任何一个环节出现问题,都势必会影响产品最终的质量。又如,航天员的"舱外活动装备",共有几千个零部件,具有完全独立的生命保障系统,不但能屏蔽太阳光和宇宙辐射,帮助航天员抵抗太空的温度变化,而且内部的加压设计能保持良好的微气候。"神六"航天员穿的舱内航天服,质量约为 10kg,加工制作十分复杂,有上千道工序,一套造价约需数百万人民币,耗时 2 年研制成功;"神七"舱外航天服"飞天"的每一处设计极其讲究,小到一个襻扣都有其实际的应用价值;"神十一"每件航天服的质量误差不得超过 1g,特殊部位的尺寸误差不得超过 2mm。

第二节　隔热防火服装

科技在不断地进步,但当下仍不能把许多处于危险、有害和恶劣环境下的从业人员完全解放出来。尤其是高温环境下,人的皮肤可能会受到火焰(对流热)、接触热、辐射热、火花和熔融金属喷射物、高温气体和热蒸汽、电弧所产生的高热等多种危害。其中,热源中的火焰、高温气体、热蒸汽以热对流方式传递热量;接触热、火花和熔滴金属以热传导方式传递;而辐射热则以热辐射方式传递热量。人的皮肤对热很敏感,在 44℃ 以上开始出现烧伤,最先发生创痛形成一度烧伤,继而起泡,形成二度烧伤;在 55℃ 时,一度烧伤维持 20s,继而出现二度及三度烧伤;在 72℃ 时,皮肤则完全烧焦。因此,在工业炉窑、化工、石油、机械、建筑、煤炭和消防行业,都应采用隔热防火服,减缓火焰蔓延,降低热量转移的速度,并使其碳化形成隔离层,以保护从业者的安全与健康。

隔热防火服装是指在火焰和高温环境中穿用的,能促进人体热量散发,防止热中暑、烧伤和灼伤等危害的防护服装,其作用是保护人体不受各种热的伤害,如对流、传导热、辐射热、熔融金属溅射以及热蒸汽或热气体的伤害。因此,隔热防火服须满足以下要求:阻燃(不能续燃而成为危险因素);质量完善可靠(受热不收缩、不熔融、不放出有害气体或形成烧焦炭化等);绝热(阻止热传递);防液体渗透(防止油、溶剂、水或其他液体渗透)等。

隔热防火服不仅应具有普通防护服的服用性能,更必须具备在高温条件下对人体进行安全防护的功能性,其热防护性能取决于热防护服的使用场合和使用环境,包括中温和高温强热流环境,同时也与热量传递的方式有关。通常用于高温作业环境的高温防护服,如冶金、炼钢等场合穿着的防护服必要时还配有通风服、液冷服等,所用的材料要求具有导热系数小、隔热效率高、防熔融、阻燃等性能;火灾现场的隔热防火服,如消防员、森林灭火员等穿用的防护服,应选用耐高温、不燃或阻燃、隔热、反射效率高的材料制成。

我国隔热防火服的研究虽然起步较晚,但防护材料已在逐步更新,典型的发展跨度是我国阻燃防护服的材料已由较早的纯棉或涤/棉阻燃材料在向高性能材料转变,并开始重视从人体功效学的角度进行防护服的款式及结构设计,整体的防护性能已有了很大程度的提高。

一、隔热防火服的防护原理

隔热防火服的防护实质是降低热传递速度,减少热在人体皮肤上的积聚,从而保护皮肤不被烧伤或灼伤。热传递速度一般用每秒钟通过单位面积的热量来表示。热转移方式主要有传导热、对流热和辐射热三种,不同的热转移方式对防护的要求也有差异。

1. 传导热防护

传导热防护通常是对熔融金属的防护。例如,在高炉和浇注台边工作的工人,以及金属加工厂铸工和熔炼车间的工人,极易接触到温度高达 $650 \sim 1565℃$ 的熔融金属。当熔融的金属飞溅到热塑性基布上时会黏附在织物上,导致严重烧伤,故传导热防护织物的隔热性能是十分重要的。传导热防护类织物选用的材料至少应具备两方面的性能:

(1)导热系数低,能有效降低热量从织物一侧传到另一侧的速度。部分材料的导热系数如表3-8所示。

(2)具有较大的热容,保证材料自身温度每升高1℃吸收的热量相对较多,从而降低材料温度升高的速度,减轻材料自身的热负荷。[12]

材料的导热系数越小,其导热性越差,热绝缘性越好。由于纺织材料是多孔性物体,纤维之间的空隙里含有空气,且有一定的含水率,因而上述所测的纺织材料的导热系数是纤维、空气和水分混合体的导热系数。静止空气的导热系数相对最小,所以隔热防火服的隔热层多采用蓬松的毡类,含有较多的静止空气,有利于降低热量的传播速度,提高整体隔热效果。[12]

另一个与传导热防护性能相关度较大的指标是比热容。质量为1g的纺织材料,温度变化1℃所吸收或放出的热量称为纺织材料的比热容。不同温度下测得的比热容在数值上是不同的,表9-1是在20℃下测得的部分纺织材料在干态下的比热容。由于纺织材料有吸湿性,而水的比热容等于 1 J/(g·℃),所以纺织材料吸湿后,比热容是增加的。

表 9-1　部分纺织材料在干态下的比热容

材料	比热容/ [J/(g·℃)]	材料	比热容/ [J/(g·℃)]	材料	比热容/ [J/(g·℃)]
棉	1.21~1.34	黏胶纤维	1.25~1.35	涤纶	1.40
麻	1.34~1.35	锦纶6	1.84	丙纶	1.80
毛	1.36	锦纶66	2.05	玻璃纤维	0.67
蚕丝	1.38	芳纶	1.21	石棉纤维	1.04

2. 辐射热防护

辐射热传导即热量以辐射的形式传播,它是一种非接触式导热方式,不需要任何物质作为媒介,热量是以电磁波的形式传递的。资料显示,距离直径 0.5m 的 1 500℃ 火炉 3m 远的辐射热仍高达 4.2kW/m^2,该能量值高于使人体皮肤灼烧能量值的 2 倍,因此钢铁工人穿着的隔热防护服的抗热辐射性能十分关键。减少辐射热对人体造成伤害的最佳方法是提高防护织物表面的反射性能。依据物理学辐射—反射机理可知,热量传递与介质的反射系数有关,反射系数越大,传递的热量越小。假设某一物体反射系数是 1,则照射到物体表面的热量将全部被反射回去。因此,研发隔热防火材料时应利用各种方法提高纺织品表面的反射系数,以达到隔热的目的,通常采用在织物表面涂抛光金属涂层或层压复合金属薄膜的方法。例如,在织物表面镀金属铝膜后,织物约能反射 90% 的辐射热,其余的能量为基布所吸收,起到很好的隔热效果。须指出的是,暴露时间决定基布的最终衰变,所以基布纤维应避免选用高温下易熔融、黏附软化的纤维。

3. 对流热防护

对流热防护实际上是指对火焰的热防护。气体从火焰或高温物体处获得能量后密度发生改变,产生对流运动,温度高的气体携带着能量流向温度低的区域,实现热量的传递,这一传递过程便生成了对流。典型防火类服装——消防服就用于这种环境下,在灭火过程中消防员暴露在热空气中,为降低消防员被烧伤的危险,消防服的外层织物和内层衬垫材料应使用阻燃、耐热织物。防护热对流比较有效的方法是穿着采用多层结构织物制成的防护服,这类防护服的外层多采用阻燃、隔热的材料,内层多采用比较疏松的结构(饱含更多的静止空气),从而提高对流热防护性能。

二、隔热防火服的分类

目前,隔热防火服按防护对象可分为四大类:① 防熔融金属的防护服;② 防火焰对流热的防护服;③ 防辐射热的防护服;④ 防接触热的防护服。按使用场合又分为消防服、热蒸汽防护服、电弧防护服、抗熔融金属飞溅防护服、热辐射防护服、防液体喷溅防护服等,其中消防服又分为消防战斗服、隔热服、灭火防护服、消防防化服、消防避火服等种类。

三、隔热防火服的结构和材料

隔热防火装备系统可在火焰和高温环境下,对人体的各个部分,包括头、颈、躯干和四肢提供必要的防护。隔热防火装备系统包括隔热防火服、头盔、面具(目视系统)、手套、防护靴等,其中隔热防火服是系统的主要研究对象。目前,隔热防火服大致可分为两种结构:一种是上下分身式,另一种是上下连体式,二者各有利弊。上下分身式隔热防火服的优点是安全性高、容易活动、不易沾湿、防水性好、耐寒性好、外形美观;缺点是散热性差、体热不易排出、造价高、衣体重。上下连体式隔热防火服的优点是散热性好、体热容易排出、造价低;缺点是安全性稍差、活动不方便、衣体重。隔热防火服在服装制版、裁剪、加工工艺、辅料、附件以及厚度、衣服质量等方面都有严格的要求。其中,上下分身式隔热防火服的上衣和裤子的重叠不得少于20cm。

隔热防火服种类多样,但其基本构造都是多层结构。常见的是三层构造,由外及内依次是防护外层、汽障层和隔热层。典型的隔热防火服多层结构示意图如图9-1所示。各类隔热防火服根据使用环境的不同,在结构特点上也存在较大的差异,例如,炼钢服不设置汽障层,且要求金属熔融飞溅物飞溅到阻燃外层时不粘并迅速滑落。

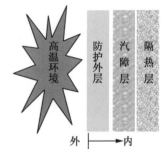

图9-1　隔热防火服典型的三层结构示意图

制作隔热防火服的材料必须具备以下性能:① 阻燃性:暴露于火焰时不易燃烧或延燃;② 隔离性:在热源和人体之间能形成一个缓冲屏障;③ 绝热性:隔绝并能吸收大量热量,降低对人体表面的灼伤程度;④ 稳定性:织物的热防护性及其他物理化学性能必须稳定。[13]下面具体对隔热防火服各层常用的织物作简单的介绍:

1. 防护外层

防护外层是隔热防火服抵御外界火焰、高温环境的第一屏障,除具备阻燃性能外,还须具备足够的强度、耐磨性、抗熔滴穿孔性、色牢度等。因使用环境不同,防护外层选用材料也有很大的差异。

目前,隔热防火服中强调防火阻燃性能的防护服外层主要应用的是本质型纤维阻燃织物和阻燃后整理织物。本质型纤维阻燃织物是由本质型阻燃高聚物纤维织造的面料,这类织物具有永久的阻燃性能,极限氧指数较高,不会发生熔融滴落现象,具有良好的热稳定性,在较高的温度下仍具有良好的物理机械性能、尺寸稳定性以及优异的抗化学品性能。这类织物价格较高,代表织物有 PBI/Kevlar、PBI、Kevlar、Nomex® IIIA、Kermel、Basofil、PBO、PPS、芳砜纶、芳纶1313、Lenzing FR®等。阻燃后整理织物是通过化学键合、黏合、吸附沉积、非极性范德华力结合等作用,使阻燃剂固着在纤维和织物上达到阻燃效果的[14],代表织物主要有阻燃棉、阻燃涤纶/黏胶、阻燃锦纶、阻燃涤纶、阻燃改性腈纶等。这类织物价格相对较低,经多次洗涤后,阻燃性能下降较明显。

隔热防火服中强调隔热性能的防护服外层主要采用金属化阻燃织物。通常,纤维或织物的金属化整理是指以各种纤维或织物为载体,利用化学涂层、电镀、真空镀、化学镀等技术,使金属以粉末、原子、分子、离子状态直接或间接集聚于纤维织物表面。碳纤维、玻璃纤维、合成纤维,或者这些纤维与天然纤维混纺的机织物、针织物、无纺布,均可以采用银、铝、铜、镍、金、钴等进行金属化处理。纤维或织物经过上述金属表面处理后,基质材料原有性能没有明显改变,但被赋予金属光泽以及导电、导热、耐高温、反射、耐腐蚀等特性,同时还保持了纺织品原有的柔软、耐折叠的特点,适宜制作隔热防护服装。

根据金属涂层后整理工艺的不同,纤维或织物的金属化处理主要分为湿法和干法两种方法。其中,湿法主要指的是化学镀,即利用溶液中的还原剂使金属离子还原沉积在基布表面形成金属膜;干法包括化学涂层、真空镀及溅镀三种。具体分类如图9-2所示。

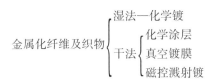

图9-2 金属化纤维及织物按加工方法分类

化学镀是实现纺织品表面金属化的一种方法,是在无加外电流的情况下,在纤维表面的催化作用下经控制化学还原法进行的金属沉积过程。化学镀过程中金属的沉积不是通过固液两相间金属原子和粒子的交换,而是存在于液相中的金属粒子通过液相中的还原剂在纤维材料上的还原沉积。[15]

化学镀最先开始于化学镀镍,再到化学镀铜、化学镀锡及化学镀金、银、铂等其他贵重金属以及复合化学镀。其中,镀银纳米线织物具有非常好的反射辐射热功能,可以用于个人热管理(Personal Thermal Management,PTM)领域,在高温热辐射环境下可作为服装外层热辐射屏蔽材料,反射太阳红外线或高温辐射热。[16]

目前,隔热防火服的外层织物金属化也有采用化学涂层工艺的。化学涂层是在涂层整理液中添加一定量的片状金属粉末,如铝箔粉末(为获得较高的反射率,固体涂层膜中铝箔含量可高达65%以上),再用常规的涂层工艺涂布,使织物表面产生铝的光泽。高温下使用的金属涂层织物可采用玻璃纤维、芳族聚酰胺、聚苯并咪唑等高强耐高温织物作为基布,制作高温辐射热屏蔽材料、烫衣板面料、高温管道隔热材料、隔热防护服以及热气球等。因铝、铜等易于氧化变色,为保持金属光泽,最后应在表面涂一薄层透明性极好的涂层剂作为保护层。此外,还有一种铝箔与芳纶、玻璃纤维等阻燃基布通过耐高温胶热压复合形成的外层隔热面料。因铝箔可将袭来的高温强辐射反射出去,阻止高温热量向里层的透射,铝箔基布复合面料作为外层也具有较高的热辐射反射率及优良的阻燃性,但铝箔复合材料在面料柔软度、手感方面不及镀铝复合材料,长期使用存在外层铝箔脱落、开裂等现象。[17]

真空镀膜是一种由物理方法产生金属薄膜材料的技术。在真空室内材料的原子从加热源离析出来打到被镀物体的表面上。随着技术的发展和成本的降低,真空镀膜逐步在纺织品上开始应用,但目前国内该技术在隔热防护服外层织物上的应用还较少。

磁控溅射是目前织物金属化镀膜最好的一种手段,它是在二极溅射基础上发展而成的,在靶材表面建立与电场正交的磁场解决了二级溅沉积率低、等离子体离化率低等问题。利用磁控溅射方法在纺织品表面镀上金属膜可以赋予织物抗紫外线、抗电磁辐射、抗菌、抗静电等各项功能,提高纺织品的档次和附加值,应用越来越广泛。国内的庄明宇[18]以高性能芳砜纶和芳纶织物为基材,以 Al、Ag、TiO₂、SiO₂为靶才,利用磁控溅射在织物表面形成多层膜复合结构,提高面料的热反射效果,制备了新型高效隔热防护用面料,探索磁控溅射的工艺配置,测试了热反射效果,并与传统的涂层工艺比对,优化了工艺参数配置。翟云祁[19]在上述研究基础上,以 Al 和 Ag 为反射层,以防氧化的 TiO_2 为介质层,采用磁控溅射技术在芳砜纶织物表面溅射多层膜复合结构,研究了工艺条件对热反射率的影响,初步揭示了芳砜纶镀铝面料的隔热机理。

2. 汽障层

汽障层既要能防止水、腐蚀性液体、热蒸汽的进入,又要能排出人体汗气,以防热应激等现象影响作业效率,危害从业人员身体健康。汽障层通常选用涂层或层压防水材料,目前采用的优良汽障层织物有美国的 GORE-TEX® 织物、Gore-tex™ 加氯丁橡胶涂层织物、涤/棉氯丁橡胶涂层织物、氯丁橡胶涂层芳香族聚酰胺织物等。

3. 隔热层

隔热层的作用是防止热量的传入,延长消防人员或高温作业人员的耐受时间。隔热层通常位于服装的内层,要求比较舒适。性能优良的隔热材料主要有针刺无纺方法加工的芳香族聚酰胺(Aramid)无纺织物、阻燃黏胶、碳纤维毡或其他本质型芳纶阻燃毡等。

目前许多隔热防火服的设计秉承"以人为本"的理念,兼顾防护性与舒适性,里层增加了舒适层,舒适层多选用阻燃棉布、阻燃黏胶、阻燃莫代尔等面料。

四、织物及服装的防护性能评价方法

对防护用织物及服装性能的测评,一般着眼于以下几点:① 透过被测服装的热量的大小;② 人体对透过服装热冲击的忍受程度(皮肤表面温度、疼痛感和烧伤程度);③ 服装暴露于火场后的外观、物理性能的变化等。下面具体讲述隔热防护织物及服装性能的评价方法。隔热防火服的评价主要从阻燃性、热防护性、机械性能及舒适性四个方面进行评价。

1. 阻燃性评价方法

目前,我国已建立了较完整的织物阻燃性能测试方法与标准,其中包括垂直法、水平法、氧指数法、45°倾斜法、烟浓度法等。在隔热防火服阻燃性能测试中,我国借鉴美国联邦标准191A—5903 与 ASTM F1358—1995《织物阻燃性能标准测试方法——垂直法》,制定了 GB/T 5455—1997《纺织品 燃烧性能试验垂直法》标准,采用垂直法进行测试和评价,即测定织物续燃时间、阻燃时间和损毁长度等指标。

氧指数法,是指在规定的试验条件下,使材料恰好能保持燃烧状态所需氧氮混合气体中氧的最低体积浓度。我国标准 GB/T 5454—1997《纺织品 燃烧性能试验 氧指数法》规定试样恰好燃烧 2min 自熄或损毁长度恰好为 40mm 时所需氧的百分含量即为试样的氧指数值。极限氧指数试验是在氧指数测定仪上进行的。目前常用的测试方法是将一定尺寸的试样用试样夹垂直夹持于透明燃烧筒内,筒中有按一定比例混合的向上流动的氮氧气流,用特定的点火器点燃试样的上端,观察随后的燃烧现象,记录持续燃烧时间或燃烧过的距离。试样的燃烧时间超过 3min 或火焰前沿超过 50mm 标线时,就降低氧浓度,试样的燃烧时间不足3min 或火焰前沿不到标线时,就增加氧浓度,如此反复操作,从上下两侧逐渐接近规定值,至两者的浓度差小于 0.5%。

烟浓度法,最早是由美国国家标准局(NBS)研发的,使用标准为 ASTM E662-83。所用设备为烟密度箱,测试方法:试样在箱内垂直固定,试验时令试样在箱内燃烧产生烟雾,并测定穿过烟雾的平行光束的透光率($T\%$)变化,再计算比光密度,即单位面积试样产生的烟扩散在单位容积烟箱单位光路长的烟密度,用 D_s 表示。测试比光度法的原理为:当光束通过烟密度箱内的烟层时,光强度的衰减规律符合朗伯-比耳定律,利用测光系统来测量透光率($T\%$)的变化,从而表征烟浓度的变化。

2. 热防护性评价方法

最初,隔热防火服多以所用的织物的阻燃性能来判定其热防护性能的优劣,但这并不能完全反映织物及服装的热防护性能。美国、日本、英国等技术发达国家在制定阻燃性能测试方法的基础上,还建立了热防护性能的一系列指标,如隔热性、完整性和抗液体渗透性等,以及反映综合热防护性能的 TPP 法和 Thermoman 法。

TPP 法是将试样水平放置在特定的热源上面,在规定距离内,热源以两种不同的传热形式出现,其中 50% 为热对流,50% 为热辐射。置于试样后的量热计温度随热源作用时间而变化,从而计量出造成人体皮肤二度烧伤所需要的时间,并计算此条件下的总热量,即 TPP 值,它可以直接反映试样的热防护性能。TPP 法是目前国际上通用的评价隔热防护服热防护性能的试验方法,它采用热对流和热辐射两种传热方式,较客观地预测了隔热防护服的实际热防护效果。

Thermoman 法是用装有测试仪器的人体模型穿着真人尺寸的防护服装,施以实验室模拟可控急速燃烧试验条件,然后通过人体模型身上分布的若干个热传感器测量并计算透过被测防护服装传到人体表面各部位的热量和温度,得出人体承受二度和三度烧伤的面积及部位,从而预测和评价防护服装对人体的热防护效果。[20,21]

此外,国际上常用的热辐射防护性能测试方法是 RPP 法。RPP 法是将试样垂直放置在特定的辐射热源前,在规定的距离内,热源对试样进行热辐射,用试样后面的铜管量热计测量出造成人体皮肤二度烧伤所需要的时间,并计算出一定时间及暴露条件下的总热量,即 RPP 值。RPP 值越大,表示热防护服的防热辐射性能越好;反之,越差。

我国还制定了国家标准 GB/T 17599—1998《防护服用织物 防热性能 抗熔融金属滴冲击性能的测定》;我国公安部也在《消防员普通防护服、隔热服性能要求和试验方法》行业标准中,制定了防护服抗辐射热渗透性能试验方法。

3. 机械性能评价方法

隔热防火服的机械性能评价主要包括评价抗撕破性及抗刺穿性。抗撕破性评价主要依据 GB/T 20654—2006《防护服装 机械性能 材料抗刺穿及动态撕裂性的试验方法》,该方法是将织物试样夹在固定架上,保持试样垂直,刀片在下落过程中撕裂织物,通过测试样品的撕裂长度来评价防护服的抗撕破性。[22] 抗刺穿性评价主要依据 GB/T 20655—2006《防护服装 机械性能 抗刺穿性的测定》,该方法是将织物试样放在强力测试仪上,用实验钉以恒定速率穿透试样,通过测试穿透试样所需的最大力来评价防护服的抗刺穿性。[23]

4. 舒适性能评价方法

隔热防火服在实际服用中的穿着舒适性也非常关键。如果隔热防火服提供了优良的热防护功能,却限制了从业人员的活动灵活性或阻隔了体内热量的散发而导致热应激等现象,将会威胁更多人的生命安全。现在有许多方法可用于评价防护服的舒适性,包括小尺度实验仪器测量其手感或触觉性能、热性能和吸湿透湿性能。目前国内外有条件的机构多采用假人装置来评价隔热防火服的整体舒适性,如采用出汗暖体假人在湿热条件下,模拟人体出汗方式,通过测定假人表面温度来表征防护服的隔热性、透气性和透湿性等。

第三节 飞 行 服

随着航空技术的不断发展,飞机航速和升限不断提高,飞行装备的研究与制造也要与时俱进。高空低压、缺氧、低温等特殊环境会引发一系列的航空安全问题,如高空低压引起的体液沸腾、飞行加速度引起的超重、坠入寒冷水域等都会威胁飞行员的生命安全。因此,飞行员需要更安全、更舒适的飞行服及配套装备。

一、飞行服概述

飞行服是飞行员在执行飞行任务时穿着的服装,是保证飞行人员在飞行中(特别是在高空低气压、缺氧等情况下)生命安全和能正常工作的重要装备。飞行服的整套装备主要包括头盔、头(围)巾、风镜、外上衣、裤子、皮靴、手套和毛衣裤、衬衣裤等,通常上衣为夹克式,下衣为马裤式。飞行服按穿用季节可分为春秋季、夏季和冬季飞行服;按功能可分为抗荷服、代偿服、通风服、调温服、跳伞服、液冷服等。当飞行高度超过 18 000m 时,飞行员必须穿代偿服或密闭服;当飞行高度低于 18 000m 时,飞行员可穿普通飞行服并使用加压面具供氧,但必须穿着抗荷服;海上飞机高空降伞时可能降至寒冷的水面,飞行员还须穿抗浸防寒服。[24]

二、抗荷服

(一)抗荷服产生的原因

随着近代航空事业的飞速发展,飞行器飞行能力越来越高,飞行过程中,产生加速度时,人体会受到与加速度方向相反的惯性力的作用,航空工程把这种惯性力称为"过载"或"超重",这种惯性力使人体重量增加。过载的大小一般用"G"表示,即物体受到的惯性力的大小相当于物体重量的几倍。过载是一种惯性反作用的机械力作用于人体,会引起人体的心血管、呼吸系统、内脏等一系列的不良反应,主要症状有:腹部悬垂的器官产生移位,血液向下肢转移,脑部失血等。当前,随着电传操纵、翼身融合体等一系列新技术的应用,尤其是歼击机可以轻松地实现 9 ~ 10G 的机动,这更挑战了飞行员的生理承受极限,高过载极易导致飞行员失能,易酿成事故。

通常,不同的飞行动作会出现不同的过载类别,对飞行员产生的惯性力方向也不同,具体情况如表9-2 所示。

表9-2 不同过载对人体的作用力方向

过载类别	对人体作用力的方向	飞行动作
正过载（+GZ）	从头至足	转弯或盘旋、翻筋斗时
负过载（-GZ）	从足至头	从平飞进入俯冲、倒飞等情况时
横向过载（±GX）	从胸至背或从背至胸	起飞、着陆、平飞、加速或减速时
侧向过载（±GY）	从左至右或从右至左	侧滑时

实际飞行中，快速拉杆时机头迅速上仰，这时处于正过载状态，飞行员头部的血液迅速向下肢流动并造成脑部大量失血，当正过载达到3.5～5G时，视网膜就会因缺血而产生灰视以至黑视。医学上常将灰视或黑视看作人对正过载耐力限度的一种指标。当过载结束一段时间后，飞行员的视力才会恢复正常。但如果脑部失血过多则会让飞行员短暂失意、失能甚至昏厥，从而导致机毁人亡的惨祸。相反，推杆时机头下冲产生负过载，此时飞行员的下身血液涌向头部及视网膜，会出现红视。如果负过载过大，甚至会导致飞行员的眼球被拉出眼眶或脑出血而致使飞行员失能，最终机毁人亡。因此，飞行过载是严重威胁飞行安全的主因素之一。

航空医学分析，根据人体的耐力指标，歼击机在作战或进行特技飞行时，飞行员必须采取防护措施，而当前最有效且简便的方法就是穿着抗荷服。经试验证明，飞行员穿抗荷服飞行时，黑视发生的比例大为减少，人数只占总数的1.5%，而不穿抗荷服发生黑视的人数占90.6%。[25] 由此看来，抗荷装备对保障航空领域飞行员安全有着至关重要的作用。

（二）抗荷服的发展

抗荷服的防护主要是针对惯性力作用的防护，关键是要保证头部有充足的血液供应，防止血液向下肢转移。对抗荷服的研究最早开始于第一次世界大战期间，法国人使用类似长袜的弹性带缠绕于飞行员双腿以阻止下半身血液淤积，但当时飞机的机动性能很低，抗荷服并未真正引起人们的重视。1932年，美国的Drinker首先提出了抗荷服的概念。[26] 当时的抗荷服是使用可充气的腹囊，用手握气球向囊内打气压迫腹部以帮助对抗过载。第二次世界大战时，抗荷服才真正得以应用。澳大利亚的Brook采用棉布制成的抗荷服可以提高人体过载耐力达30%。[27] 1939年，加拿大的Frank研制了一种充水的夹层套裤，超重时套裤中水压增高，可以防止下肢血液滞留。在此期间，耶鲁大学致力于研制侧管式抗荷服。美国空军曾尝试一种分级加压服装，小腿处压力最高，大腿、腹部逐级递减。同时，有研究者试用阻断式抗荷服，但这种服装加压会造成飞行员的局部剧痛，被弃用。1944年，Blades和Wood等人提出了五囊式抗荷服，基本满足了当时的抗荷要求。1953年，美国的Sieker等人提出了两种全覆盖式抗荷服[28]，并做了离心机试验，试验结果显示，全覆盖式抗荷服比当时的标准五囊式抗荷服有更好的过载防护效果，但舒适性及结构等方面存在问题。第二次世界大战之后直至20世纪70年代初，各国空军主要研究方向依然围绕五囊式抗荷服。1973年，美国的Burton等人改进了管式抗荷服[29]，并将改进后的管式抗荷服和五囊式抗荷服做了比较，试验结果表明，管式抗荷服的抗荷效果优于五囊式抗荷服。1975年，Burton等人又比较了管式抗荷服与全覆盖式抗荷服的抗荷效果，结果表明，全覆盖式抗荷服的抗荷效果优于管式抗荷服。1988年，美国的Krutz等人对全覆盖式抗荷服做了进一步的改进[30]，并与标准五囊式抗荷服和管式抗荷服做了离心机试验比较，结果表明，全覆盖式抗荷服的抗荷效果更佳。Armstrong 实验室对全覆盖式抗荷服的适应性和下肢活动性能等方面做了大量的改进，最后发展为 ATAGS 抗荷服。与此同时，美国海军独立研制了另一种大覆盖面积抗荷服 EAGLE。这两种抗荷服效果相似，若同时施加正加压呼吸，人体过载耐力可达到 8G 左右。[31]

我国在 20 世纪 50 年代"抗美援朝"时期才正式使用抗荷服。最初是仿制苏联的，用棉布制作的五囊式抗荷服，气囊采用橡胶囊，比较笨重。60 年代初，开始使用锦丝绸制作抗荷服，部队开始应用。后来自行研制了 KH-1、KH-2、KH-3、KH-4 等多种型号的抗荷服，抗荷效果可以提高 1.5G。[32] 2005 年，根据我国高性能战斗机的要求及未来战争的需要，我国研制出了一种将抗荷服、代偿服和通风服合为一体的新型防护服 IPS，简化了装备。这种抗荷服在加速度增长率为 3g/s 的条件下，其性能达到 2.38 ± 0.38G，加上飞行员基础耐力并进行抗荷正压呼吸及腿部适度紧张，能够达到 9G 的防护水平，并可减轻飞行员做强有力抗荷动作所致的疲劳及注意力分散带来的不良影响。[32]

纵观抗荷服的发展历程，从管式到囊式，再从五囊式到大覆盖面积式，服装结构变化不太大，但各国在纺织材料的选用上，正不断加大新科技材料的应用，提高抗荷服的性能。

（三）抗荷服的分类

传统抗荷服大多是充气的，虽然可抵抗高过载，但气囊本身不透气又大面积覆盖人体，散热能力非常差且反应滞后，严重影响飞行员的飞行安全。针对此缺陷，瑞士科学家从蜻蜓生理结构能适应 30G 过载的神奇功能得到启示，成功研制出一种全新的一体化的"LIBELLE"充液式抗荷服，其显著特点是内部充有液体，可以解决反应滞后的问题，从而更好地确保飞行员安全。随着飞机的环控设备的大幅度改进，在可对防护服装内进行大流量强制通风以后，在减轻飞行员高过载下的加压呼吸疲劳方面，具备压倒性优势的充气式抗荷服得到了广泛应用。下面具体讲述充气式抗荷服和充液式抗荷服的结构及工作原理。

1. 充气式抗荷服

充气式抗荷服常见的是五囊式抗荷服和侧管式抗荷服，其结构原理如下：

（1）五囊式抗荷服。

目前，世界各国采用最多的仍是五囊式抗荷服，它是一条内部装有五个气囊的裤子。其主要部件是带腹部气囊的裤腰和两个裤腿，每个裤腿包括贴在大、小腿部的两个气囊，腿部的气囊与腹部的气囊连通。为穿脱方便，裤腿多采用大拉链封闭。裤子的臀部和膝盖部位被剪掉，利于飞行员的行动及降低热负荷。裤面上配有调节绳使其紧缚人体，飞行员穿着后可覆盖腹部及以下肢体大部分的面积。抗荷服与飞机上的抗荷调压装置配合，根据惯性力的作用大小，自动向抗荷服气囊内充气，然后对人体体表施加机械压力，使飞行员的腹部、大腿、小腿绷紧，防止血液向下移动，保证人体器官的供血，提高飞行员的抗荷耐力。

（2）侧管式抗荷服。

侧管式抗荷服是用一个气囊压迫腹部，两根管式气囊在腿部两侧，当过载时气囊开始充气，通过系带拉紧裤面，给腿部四周均匀加压。其外观与五囊式抗荷服基本相同，主要区别是：五囊式抗荷服腿部气囊直接压于大腿和小腿部，充压时易造成人体不适，且腿部气囊覆盖面积较大，散热性差。

以上两种抗荷服，一般可提高超重能力 1.5～2G，但充气式抗荷服反应滞后，而现代战机，如俄罗斯的苏-30、美国的 F-22、欧洲的"台风"等战机飞行时，不到 1s 过载可能就上升至 12G，抗荷服反应滞后会对飞行员的安全产生严重影响。

2. 充液式抗荷服

21世纪初,瑞士科学家研制出的一种全新充液式抗荷飞行服解决了反应滞后的问题。充液式抗荷服不同于充气式抗荷服,它是覆盖全身的抗荷服,采用双层结构,外层由不可伸缩的坚固材料做成,内层是可伸展的防水隔膜,通向身体各部位的管子夹在两层之间,夹层中注有液体。这些管子中有两条从颈部通到脚踝,而后分开分别通向脚面和脚跟部,另外一些管子通向手臂外侧以及肩部和腰部。管子的设计是逐渐变细的,首端直径约5cm,末端直径约3.75cm,管子内部充有液体,整套服装注水1.4L。高过载时,服装下部管道内液体的压力增大,液体膨胀压迫抗荷服的内层,从而形成附压作用于飞行员的下体,阻止血液向脚的方向流动,保持大脑供血充足,避免不良反应。这种抗荷服的自动完成过程是一个物理过程,不需额外的调节系统,因此反应速度很快。随后,瑞士、德国和美国空军的相关部门对这种新型抗荷服进行试验,结果显示,在没有辅助呼吸装置的情况下,穿着这种抗荷服的实验人员在离心机上成功地进行了过载高达12G的试验。在高过载飞行试验时,飞行员的胳膊能活动自如,这是传统的充气式抗荷服很难实现的。

(四)抗荷服的材料

为提高抗荷服的综合应用性能,抗荷服的材料也在不断更新。20世纪50年代末,最初的抗荷服是采用101草绿色平纹粗平棉布制作的,克重为200g/m^2,经纬方向强度为735.5N。伴随着合成纤维的发展,60年代的抗荷服改用505草绿色斜纹锦丝绸制作,克重为110g/m^2,经纬方向强度为1 108.2N,整体质量比最初的抗荷服轻一半,耐磨性、强度都提高了很多,改进了抗荷服的使用性能。但实践证明,锦丝绸吸湿性小,伸长率较大,在加压过程中能量损耗较多,所需加压时间长,因此美国开始采用锦/棉绸作抗荷服面料。锦/棉绸兼具了锦丝绸强度大以及棉伸长率小、吸湿性好的优点。后来我国的部队也试制了锦/棉绸抗荷服。70年代是抗荷服面料的大转型时代,由于屡次发生飞机失火造成飞行员烧伤的事故,国外开始采用阻燃织物做抗荷服材料,如美国的CSU13/P、CSU14/P、CSU15/P均采用Nomex面料制作抗荷服。

三、代偿服

飞机的飞行高度超过12~15km,座舱失去气密性时,为确保安全,飞行员必须穿着代偿服。代偿服的工作原理是通过服装为人体表面施加对抗压力,维持机体有效血量循环,减轻加压对人体呼吸的不良影响,提高人体耐受加压呼吸的能力。[33]代偿服通常与飞机供氧系统、密闭头盔或加压面罩配合使用。代偿服分为全压力代偿服和部分加压代偿服。其中,全压力代偿服又称密闭服,它使人体处在密闭的空间里,由输入服装内的气体对人体表面施加均匀的压力,从而防止多种环境因素对人体的危害。全压力代偿服极其闷热,充气以后体积膨大、表面发硬,会使得飞行员的动作相当费力、碍事,但它的抗浸、漂浮和保温性能优异,具备非常优越的海上救生功能,因此一般用于长时间飞行的高空侦察机和特殊的海上飞行。[34]部分加压代偿服分为侧管式代偿服和囊式代偿服,加压呼吸时仅对身体的部分部位和呼吸系统施加相应的对抗压力,以减轻对人体的影响。目前在航空领域,绝大多数飞行员多采用由密闭头盔、气背心和肢体拉紧系统(含手套和靴子)组成的部分加压代偿服,其一般结构如图9-4所示。高空正常飞行时,代偿服是不工作的,当座舱失去密封或飞行员应急离机时,氧气调节器或跳伞供氧器自动向代偿服和密闭头盔快速充氧。代偿服对飞行员体表形成与密闭头盔内余压相应的代偿压力,保持人体内外压力平衡,防止肺部损伤,改善呼吸和循环机能,避免高空缺氧和加压供氧带给人体的影响。[35]

（一）代偿服的分类及工作原理

代偿服按款式结构可分为侧管式代偿服和囊式代偿服两大类。两者在代偿性能和对人体生理影响方面各有优缺点。两者最大的区别是气囊的位置不同,结构不同,对人体施压的方式也不同。侧管式代偿服是在服装外侧装有气囊,气囊充压后膨胀拉紧衣面,对人体表面施加压力;囊式代偿服是在服装内表面安装充气气囊,气囊充气后直接向人体表面加压,未覆盖气囊的其余体表部分通过拉紧服装面料向体表施加压力。

1. 侧管式代偿服

侧管式代偿服是与头盔、加压面罩配套使用的。侧管式代偿服由受力衣面和张紧装置组成,受力衣面包绕躯干和四肢,张紧装置由拉力管、保护套和张紧带组成。拉力管位于躯干和四肢的外侧,并用保护套包裹;张紧带呈"8"字形包在拉力管的周围。加压供氧时向拉力管内输送一定压力的氧气,使之膨胀,利用"8"字形张紧带的拉力拉紧衣面,使其围径变小,对体表进行加压。[35]侧管式代偿服具有热负荷小、重量轻、安全性好的优点,与保护头盔或密闭头盔配套使用,可以满足22km高度的供氧要求。[36,37]我国大多数的现役飞行员高空防护服为侧管式代偿服,俄罗斯飞行员的BKK-6M代偿服(与KKO-5氧气系统配套)也为侧管式。

2. 囊式代偿服

囊式代偿装备的基本组成为头盔、加压面罩、代偿背心和抗荷裤。代偿背心在进行加压呼吸(PPB)时充气,起到防止胸肺过度扩张和帮助呼气肌工作的作用。抗荷裤由5个囊组成,分布在腹部、大腿和小腿。囊式代偿服通常应用于20km高度以下飞行员的高空防护。囊式代偿服的优点是能保证体表的对抗压力均匀,并且可以随呼吸周期而变化,在人体呼气时减小、呼气时增大,从而起到减轻呼吸负荷的作用。囊式代偿服的缺点是透气性差、热负荷大,需要配备通风降温设备。西方国家飞行员使用的高空代偿服和俄罗斯飞行员的BKK-15K代偿服(与KKO-15氧气系统配套)均为囊式代偿服。[38]

各国囊式代偿抗荷装备的设计不同,其代偿工作原理也不完全一样。美、英等国多采用分体式,面罩压和背心的胸囊压基本相等,有的则胸囊压略高于面罩压构成余压,抗荷代偿裤囊内压高于余压3～4倍。[39]苏-27囊式代偿抗荷服为连体式,面罩压即为余压,背心和抗荷代偿裤5囊相通,抗荷代偿裤囊内压高于余压3.2倍。

（二）代偿服的材料

1. 代偿服的主体面料

代偿服的主体面料选用强度高、延伸率低、质轻、防水透气和阻燃性能好的织物制成。1959年,我国开始对苏联的代偿服进行分析研究,最初选用的主体面料是草绿色的棉织物。20世纪60年代初,我国开始采用锦丝织物。70年代以后,我国开始采用锦/棉混纺织物,而英、美等国的代偿服面料开始采用斜纹芳纶(Nomex)织物。随后,我国在1978年开展了阻燃织物的研制工作,研制的阻燃织物芳砜纶,性能与Nomex相近,但强度低,易收缩,未能够广泛应用。随着我国对高性能阻燃纤维及面料研发的突破,研制出的芳纶1313、芳纶1414、杂环芳纶、芳砜纶、碳纤维等丰富了代偿服面料的种类。

2. 代偿服张紧装置(又称拉力管)

张紧装置需要承受的最大压强约为294～529.5kPa,所用材料要求强度高。我国采用过 505 和 507 草绿色锦丝绸,因 505 是斜纹组织,易产生纬斜,后来改用平纹 507 锦丝绸。美国代偿服拉力管所用的纺织品与我国 507 锦丝绸相似。

3. 代偿服张紧装置气囊

我国早期研制的代偿服张紧装置气囊采用 1146 天然橡胶片黏合后硫化而成,一件 DC-1A 代偿服气囊重 1 500g 左右,而且成型时报废率也很高。20 世纪 60 年代,开始研制 4-4-1 双面涂胶织物(丁基橡胶涂层锦丝胶布)作为气囊材料,质量较早期的气囊材料减轻了将近一半,而且加工也比较方便。后来的 DC-2、DC-3、DC-4 等高空代偿服的张紧装置气囊材料不断改进,性能得到了大幅度的提升。

四、抗浸服

抗浸服又称防寒抗浸服,是飞行人员和水域操作人员(如水手、石油钻井平台工作人员)必备的一种个体防护装备,用以防止落水后因体内热量在短时间内大量散失而致伤乃至死亡。抗浸服能阻隔水与皮肤的直接接触,维持人体进行正常生理活动所需体温,从而延长生存时间,增加获救生还的机会。

(一)抗浸服的分类

按照适用场合,可将抗浸服分为 A 型、B 型两类。[40] A 型抗浸服指遇险时临时穿用的救生服,主要是针对在海上边界线外作业或乘载量超过 16 人的渔船。B 型抗浸服适合于一般航空作业、水面作业的人员以及在大雨中或暴风雪环境里工作的人员,要求对其工作没有太大影响。就防水抗寒性能标准而言,B 型比 A 型抗浸服低,见表 9-3。

表 9-3　A 型和 B 型抗浸服标准

指标	A 型	B 型
保暖性	在 0 ~ 2℃ 的水中浸 6h,直肠温度下降在 2℃ 以内,直肠温度不低于 35℃;手、足、大腿部位皮肤温度不低于 10℃。	用能够以 $4.18 \times 105 J/m^2 \cdot h$ 的速率稳定发热的暖体假人进行测试,在 5℃ 的水中,各部位热阻抗值在 $2.41 \times 10^{-5}℃ \cdot m^2 \cdot h/J$ 以上,整体热阻抗平均值达 $3.59 \times 10^{-5}℃ \cdot m^2 \cdot h/J$ 以上。
漂浮性	以稳定的仰泳状态漂浮,口部离水面 120mm 以上;能在 5s 内自动从仰卧态转成仰泳状态;在水中浸渍 24h 后,浮力的减少不超过 5%。	5s 内自动从俯卧态转成仰泳状态;经过 24h 浸渍后,浮力仍在 7.5kg 以上。
运动性	能够上下自由运动的幅度达 5m;可承受从 5m 高处落到水面上;能进行短距离的游泳登上救生艇。	经 25m 的游泳后,可以通过舷梯爬至水面以上 300mm 高的位置;在 5min 内进行 5 种作业,产量不低于不穿用时产量的 70%。
防水性	在游泳时,具有足够的防水性;从 5m 高处跳入水中,水的渗入量在 500g 以下。	从 3m 高处跳入水中,水的浸入量少于 500g;缝线结合处耐水压达 13.3Pa;缝线结合处的外表面在轻油中浸 24h 后,耐水压仍达 13.3Pa。
其他	能够在 2min 以内穿妥;与火接触 2s 后,既不燃烧,也不熔融;可通过释放足部空气来自如地调整在水中的姿势;除面部以外,可以笼罩全身。	总质量不超过 5kg;价廉;出汗后不影响工作。

依据阻水性能的不同,抗浸服可分为干式和湿式两类。[41]干式抗浸服不允许外界水以任何形式进入服装内部;湿式抗浸服允许有限的水进入服装内,由穿着者的体温逐渐使之变暖。湿式抗浸服虽能适当延长人在冷水中的存活时间,但远不如干式。

(二)抗浸服的材料

1. 湿式抗浸服的材料

湿式抗浸服是第一代抗浸服,最早出现在第二次世界大战末期,它是用较厚的氯丁橡胶布制作的服装,在10℃水中可耐受4h的浸泡,在2℃水中可耐1.5~1.3h的浸泡。这类抗浸服的缺点是服装比较厚重,热负荷太大,行动不便,因此不久就被放弃了。

2. 干式抗浸服的材料

干式抗浸服由多层组成,外层是连身式防水服,布料多选用氨纶与锦纶经编织物,表面经拒水处理,在抗浸防寒的同时,提供足够的强力与弹性;中间是保暖层,选用高耐水压、低透气量的聚四氟乙烯薄膜,既能防水透湿,又能防风散热;里层是低特丙纶制成的轻柔保暖的毛衣裤及衬衫等,既可导汗排湿,又可防霉防菌。目前性能比较先进的是由美国研制出的MK-5A和CWU-62/P型抗浸防寒服及配套的救生筏系统,可分别提供在0℃水中1.5~2h及在4℃水中4h的救生;英国研制出的MK-10在5℃的水中可为飞行员提供12h的防护。[42]其中美制CWU-62/P型抗浸防寒服的外套,还配备有充气、防风、阻燃的防水帽及防水手套,配套的救生筏系统还带有防风及防海浪的篷。当穿着抗浸防寒服的乘员落水后,可立即打开救生筏,进行必要的联络、自救并以此延长海上救援的等待时间。其抗浸防寒服的防寒效果主要是通过防止海水浸入并同时降低衣物层的热传导来实现的。美国Danalco公司近来开发出由三层高性能材料组成的商标为Seal Skinz的系列防寒产品,外层是含杜邦莱卡的尼龙弹力织物,有极好的伸缩配合性和耐久舒适性;中间层是能有效地起到抗浸、保暖作用的薄膜层,既能让汗气散逸出去,又能防止海水渗入;紧贴皮肤的最里层由杜邦公司的CoolMax聚酯纤维制成。这种高性能防寒服目前已为美国海、陆、空三军和英国皇家海军等选用。

第四节 宇航服

航天器飞行的太空是真空与高低温度(超过±100℃)共存的环境,无气体分子,只有极少量的原子或离子,宇宙微流尘以11~72km/s的高速飞行,具有巨大的能量。在太空飞行时,紫外线和红外线可把宇航员的眼睛烧瞎,宇航员会面临急性和爆炸性缺氧,在这种恶劣严酷的环境中宇航员不穿宇航服是无法生存的。此外,宇航员在增压密闭舱里处于不同于大气压力与组成气体的环境;在宇航服里处于低压氧与污染气体的微小环境;在空间作业时处于上述真空恶劣环境中,该环境对人体造成的多种危害如图9-3所示。

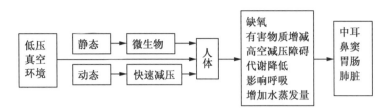

图9-3 太空环境对人体造成的危害

　　鉴于以上危害,为了给宇航员提供整个航天过程中的生命安全和工作的防护装备,除了建造完好的飞机座舱外,还必须给宇航员提供具有各种防护性能的宇航服。宇航服是供宇航员在太空穿着的特种防护服装,是保护宇航员在太空免受真空、高低温、太阳辐射、微流星等环境因素的侵害,给宇航员提供生存所需条件的防护服装。早期的舱内宇航服是在高空密闭服的基础上发展起来的,主要供宇航员在飞船座舱内穿着。通常是在发射时和返回地球时穿用,一旦座舱发生气体泄漏和气压突然变低时,舱内宇航服迅速充气,起到保护宇航员的作用。后期研制出了舱外用的宇航服,是供宇航员出航活动、进行太空漫步时穿着的。舱外宇航服的结构非常复杂,它具有加压、充气、防御宇航射线和微陨星袭击等功能,舱外宇航服内还安装有通信系统、生命保障系统,可供宇航员出舱活动或登月考察等。

一、宇航服的发展

　　1937年,美国飞行员威利・波斯特发明了世界上第一个航天服装设备。他驾驶"温尼妹号"单座机在横越北美大陆飞行的挑战中,将飞机上升到同温层,当时波斯特身穿的高空飞行压力服,是用发动机的供压装置送出的空气压吹起来的气囊。随着科学技术的不断进步,人们探索宇宙的步伐越迈越大,几个发达国家还相继建立了空间站,方便人类进入太空进行考察和研究。俄罗斯、美国、中国在研制和开发宇航服方面取得了很大的成就,具体发展历程如下:

　　(一)俄罗斯宇航服

　　1961年4月12日,苏联航天员尤里・加加林穿着SK-1型宇航服(如图9-4),乘坐世界上第一艘载人飞船"东方一号"飞上太空,开创了载人航天时代。他乘飞船绕地球飞行108min,安全返回地面,成为世界上进入太空飞行的第一人。SK-1型宇航服不仅提供全面抗压能力,同时还有一个辅助的生命保障系统。1965年3月18日,苏联宇航员阿列克赛・列昂诺夫乘坐"上升-2号"飞船,穿着Berkut舱外宇航服(如图9-5),在太空行走历时10min,成为离开轨道运行的太空船在太空中漂游的第一人。苏联为登月计划准备了Krechet型宇航服(如图9-6),我国"神七"舱外宇航服就是在Krechet型宇航服原型基础上研发的。1969年,苏联在Krechet型宇航服基础上研发出软式Yastreb型太空舱外宇航服(如图9-7),在"联盟-4号""联盟-5号"飞船上应用。

图 9-4　SK-1 型宇航服

图 9-5　Berkut 宇航服

图 9-6　Krechet 型宇航服

图 9-7　Yastreb 型宇航服

　　1977 年，苏联研制了半硬式舱外宇航服 ORLAN-D，经多次改进，制成了"和平号"用的舱外宇航服（ORLAN-DMA），可在舱外连续工作 6 ~ 7 小时。"联盟-11 号"飞船在返回地球时发生失压事故导致 3 名宇航员丧生之后，苏联开始研制只在航天器发射和返回地球时穿着的 Sokol 系列舱内宇航服，如 Sokol-K 宇航服（如图 9-8）。随后不久又研制出 Strizh 型宇航服，如图 9-9 所示。

图 9-8　Sokol-K 宇航服

图 9-9　Strizh 型宇航服

（二）美国宇航服

1959—1963 年，美国国家航空航天局进行航天飞行"水星计划（Project Mercury）"，在此期间，美国宇航员戈登·库珀（Gordon Cooper）曾穿过由美国海军高空喷气式飞机压力服改进而成的 Navy Mark V 型水星航天服，如图 9-10（a）所示。这种航天服的外层由镀铝尼龙制成，内层由氯丁橡胶涂层尼龙制成。1962 年，约翰·格伦（John Glenn）身穿水星航天服，成为美国历史上第一个绕地球轨道飞行的人，如图 9-10（b）所示。

(a)　　　　　　　　　　　　(b)

图 9-10　Navy Mark V 型水星宇航服

1963—1966 年，美国国家航空航天局进行航天飞行"双子座计划（Gemini Project）"。1965 年 3 月，宇航员格斯·格里逊（Gus Grissom）、约翰·杨（John Young）第一次执行"双子座"任务时穿的 G-3C 宇航服连着一个便携式空气调节器，如图 9-11 所示。双子座宇航服的特点是加压时周身充满弹性，与柔软的水星宇航服有所不同。1965 年 6 月 3 日，埃迪·怀特（ED White）穿着双子座宇航服在离开双子座飞船 IV 号太空舱之后，上演了美国历史上第一次太空行走，如图 9-12 所示。双子座宇航服的压力服由 6 层尼龙组成，抗压头盔上装有耳麦和麦克风，一双由腕圈连接的手套可以让手腕自由转动。与水星宇航服相比，这款宇航服赋予了宇航员更大的活动空间。

图 9-11　G-3C 宇航服　　　　　　　图 9-12　双子星宇航服

1968—1975 年，美国国家航空航天局进行航天飞行"阿波罗计划（Project Apollo）"。1968 年，阿波罗宇航服接受测试，工程师比尔·彼得森（Bill Peterson）为试飞员鲍勃·史密

斯(Bob Smyth)的航天服装上一条月球远行舱束缚带,如图 9-13(a)所示。1969 年 7 月 20
日,美国宇航员阿姆斯特朗和奥尔德林穿着 A7L 阿波罗宇航服[如图 9-13(b)],乘"阿波罗
11 号"宇宙飞船首次成功登上月球,实现了人类几千年来的梦想。阿波罗宇航服设计时在
关节周围制成伸缩自如的褶皱,大大提高了运动性能,不仅能保护宇航员免受月球地形和温
度的伤害,还让宇航员具备了弯腰采取岩石标本的能力。但是,这种航天服必须配备特殊的
"内衣",一种几乎盖住全身的网状内衣,缝入了长达 100m 的盘成网状的管子,管内流过冷
水,吸走航天员身上散发的热量,并排到宇宙空间,使航天员尽可能保持舒适。穿在内衣外
的航天服由内绝热层、压力层、限制层(抑制压力层的膨胀)几层重叠构成,最外面还蒙上聚
四氟乙烯与玻璃纤维制成的保护层。再戴上强化树脂制成的盔帽、与航天服几乎一样多层
的手套,穿上金属网眼的长筒靴,组成完整的阿波罗航天服。阿波罗航天服与过去的航天服
相比,根本差别是采用了便携式生命保障系统,即将生命保障系统固定在背上,以进行供氧、
二氧化碳的净化和排除体热。

(a)

(b)

图 9-16   阿波罗宇航服

1981 年 4 月 12 日,美国首架航天飞机 STS-1 发射升空时,美国宇航员约翰·杨(John
Young)和罗伯特·克里平(Robert Crippen)穿上航天飞船的喷射逃逸宇航服(Advance Crew
Escape System Pressure Suit),如图 9-14 所示。此喷射逃逸宇航服(昵称"南瓜服")是美国空
军高空压力服的改进版,配备有带通信装置的头盔、降落伞包、救生筏、生命保护装置、手套、
氧气多管阀、靴子和生存装备。

图 9-14   喷射逃逸宇航服

1984 年 2 月,航天飞机宇航员布鲁斯·麦克坎德莱斯(Bruce McCandless)成为第一个在不借助绳索情况下飘浮于太空的人,源于他所穿的类似喷气包的装置——载人机动装置(Manned Maneuvering Unit,简称 MMU),如图 9-15 所示。MMU 现在已经退役,但现在的宇航员仍会穿类似背包的装置以防紧急情况。

（三）我国宇航服

我国宇航服经历了以下几个阶段:神舟五号舱内宇航服、神舟六号舱内宇航服、神舟七号舱内宇航服、神舟七号舱外宇航服、神舟九号舱内宇航服、神舟十号舱内宇航服、神舟十一号舱内宇航服。其中,神舟十一号航天员

图 9-15 舱外航天服和载人机动装置

仅在轨系列服装就有多套,如舱内工作服、舱内鞋、运动服、休闲服、企鹅服、内衣、睡袋等。

二、宇航服的总设计要求

结合宇航员在飞船和太空工作的时间、性质、工作能力、生理卫生要求和宇航服使用的周期、时间以及飞船与设备的技术特点,宇航服及其子系统的设计应遵循的原则是:最高的安全性和可靠性;无条件地完成舱外活动计划的能力;最小的体积和系统质量;使用简单而有效;最长的系统使用寿命;最小的设计风险和最小的成本;等等。其中,宇航服的工作可靠性和工作压力值是保证宇航员安全、有效地完成舱内外作业的最重要的参数,决定着宇航服的结构选择及其使用性能。

复杂的太空环境使舱外宇航服的研制成为一项规模庞大的系统工程,是多学科多专业交叉的综合集成品。舱外宇航服的具体功能设计要求如下:

（1）选用强度较高的材料,保证航天服具有较好的密闭性和强度,同时还要兼顾宇航员活动时重要关节部位的灵活性设计。

（2）抵抗紫外线和阻隔强宇宙辐射。宇航服的保护层多采用高强合成纤维制成,面料内层还有橡胶包裹。

（3）配备液冷通风系统,保障宇航服舒适的内环境。

（4）有效抵御陨石冲击。宇航服的高强度要求来自于内部冲压密闭和外部结构抵抗微小陨石撞击。

（5）方便宇航员舱外作业,保证维持生命活动。舱外宇航服的生命保障系统分为"脐带式"和"自主式"两种类型。前者是通过一根脐带式管道,由航天器舱载生命保障系统向舱外的宇航服内通风、供养,并控制宇航服内的气体环境参数。"自主式"宇航服自带有一个完整、轻便的生命保障系统装置,包括氧气瓶、水罐、通风装置、泵和过滤装置、一个调节空气和冷却水温的调节器以及一组电池。此外,宇航服上还配有生物测量装置,可以通过贴在宇航员身上的电极,使宇航员的心电、呼吸、血压等生理信号直接通过飞船遥测系统传到地面控制中心;还有一个无线电联络装置用于与地面联系。这些装置就成为宇航服背后的巨大"旅行背包"造型。[43]

此外,宇航服的材料、制作工艺以及后期的实验测试都要求精准,因此一套宇航服的造价非常昂贵,号称是世界上最昂贵的服装。每一款宇航服的诞生,都涉及机械、纺织、化工、测控通信、

人机工效、热、电等诸多领域,因而宇航服是集人类多门学科交叉综合于一体的防护装备。

三、宇航服的分类

宇航服是保障宇航员从事太空探险活动时生命安全的最重要的个人救生设备。宇航服种类很多,按用途可分为舱内宇航服(IVSS)和舱外宇航服(EVSS);从服装内的压力上分,有高压宇航服和低压宇航服;从服装结构上分,有软式宇航服、硬式宇航服和软硬结合式宇航服。

（一）舱内宇航服的构造

舱内宇航服是供宇航员在载人航天器座舱内穿用的,是必备的应急救生装置。飞船发射上升后在轨道上运行和返回时,可能会发生偶然事件,使座舱的压力下降或座舱温度失控等,这时宇航员可借助舱内宇航服维护生命,并简单地进行排除故障的操作。舱内宇航服通常是为每一位宇航员定做的,它是在高空飞行密闭服(简称压力服)的基础上发展起来的。我国舱内宇航服的构造示意图如图9-16所示。

舱内宇航服一般由航天头盔、航天服装、通风装置和供氧软管、可脱戴手套、航天靴及一些附件组成,材质比较轻便,不加压时穿着比较舒适、灵活。

1. 航天头盔

航天头盔带有密闭的启闭机构和球面形的全景面窗,有很好的隔音、隔

图9-16 我国舱内宇航服的构造示意图

热和防碰撞功能。头盔上的面窗平时开启,在紧急状态下能在几秒内自动关闭。

2. 航天服装

航天服装是宇航服的主体,多为连体式结构,一些维系生命系统的装置都安排在衣服里外。舱内宇航服装从内部结构上看由三部分组成:一是限制层,由耐高温、抗磨损材料制成,用来保护服装内层结构,保证宇航员穿着舒适合体;二是气密层,用涂有丁基橡胶或氯丁橡胶的锦纶织物制成,防止服装加压后气体泄漏;三是散温层,与内衣裤连接在一起,有许多管道,采用抽风或通风将气流送往头部,然后向四肢躯干流动,经肢体排风口汇集到总出口排出,带走人体代谢产生的热量。

宇航服的心脏部位有一个可以拧动的圆形装置,用于调节宇航服内的压力、温度和湿度;右腹部位置有一根细管,是宇航员的通信工具;左腹部处有两条管路,是给航天员供氧和排放二氧化碳的设备。航天服装在使用时须与舱内的生命保障系统连接,平时为宇航员提供全身通风,而当座舱气密性出现故障时,系统可以为宇航员提供氧气,在6h内保证航天员的生命安全。

3. 航天手套

宇航员在飞船舱内使用的手套叫作"掌指压力手套",看似普通,但是利用三维扫描技术制造出的适合亚洲人的手套,制作完成需要500多道工序。手套在指尖部分只有一层气密层,可以保持触觉,灵敏度可助航天员握住铅笔粗细的东西。手套上带有密封轴承和腕部断接器,既可以把航天手套戴在压力服的袖口上,保证气密性,也可以将手套脱掉。

4. 航天靴

航天靴多为与压力服构成整体的靴子,也有带断接器的可穿脱式封密靴子。

(二)舱外宇航服的构造

舱外宇航服的设计比舱内宇航服要复杂得多,除了具有舱内宇航服所有的功能外,还增加了防辐射、隔热、防微陨石、防紫外线等功能,在服装内增加了液冷系统(液冷服),以保持人体的热平衡,并配有背包式生命保障系统。舱外宇航服不仅要为宇航员提供在宇宙空间生存的环境条件,还必须具备让宇航员进行各种工作所需要的活动能力。舱外宇航服实际上是最小的载人航天器,是宇航员走出航天器到舱外活动时必须穿戴的防护装备。载人航天中,舱外活动是人类征服宇宙、开发宇宙的主要途径。舱外活动任务一般有:维修、回收和释放卫星;维修飞船和航天站等飞行器;科学实验;观察宇宙天文;建造空间结构;等等。舱外宇航服对宇航员能否执行上述任务起着举足轻重的作用。

舱外宇航服主要由外套、气密限制层、液冷通风服、外层头盔、手套、靴子和背包装置等组成,是一种多层次、多功能的个人防护装备。它的结构特点是:采用硬质的上躯干,上面装有双臂和生命保障系统组件,头盔与上躯干为一整体,不能跟随航天员头部运动,通过气密轴承和一个自由度的关节连接来保证四肢各关节的活动性能。外套是由多层防护材料组成的真空隔热屏蔽层,具有防辐射、隔热、防火、防微陨石的功能。我国自主研制的舱外航天服是"神七"宇航员所穿的"飞天"航天服,结构如图9-17所示。

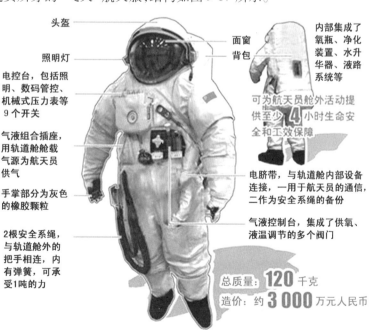

图9-17　我国自主研制的"飞天"舱外宇航服

1. 舱外宇航服本体

舱外宇航服本体至少具备以下结构:

(1)内衣舒适层。贴身内衣选用质地轻柔、吸湿性和透气性良好的织物制作而成,最大特点是绝对不能起静电,因为舱外服里面是纯氧,一有静电就会着火。内衣上常配有一条藏有复杂微型检测系统的腰带,用来动态监控宇航员的各种生理数据、太空服内部的温度以及环境中高能射线的剂量数据。

(2)液冷服。液冷服采用的新技术是"热管液体调温"。液冷服上排列大量的抗压、耐用、柔软的聚氯乙烯细管,可调节温度的液体通过细管流动,并由背包上的生命保障系统来调节控制液体的温度。宇航员可手动选择三种温度,分别为27℃、18℃和7℃,以保障宇航服内的舒适环境。

(3)气密限制层。真空环境中,必须保证宇航员身体周围有一定的压力才能保障他们的生命安全,因此气密层很关键,一般采用气密性好的涂有氯丁橡胶的锦纶胶布等材料制成。限制层选用强度高、伸长率低的涤纶织物叠合而成,防止气密层破裂。由于加压后活动困难,各关节部位采用各种结构形式,如网状织物形式、波纹管式、桔瓣式等,配合气密轴承转动结构以改善其活动性,同时可协助最外层抵御微小陨石、陨星的袭击。

(4)真空屏蔽隔热层。当宇航员在舱外活动时,隔热层起过热或过冷保护作用。它一般用5~7层镀铝的聚酰亚胺薄膜或聚酯薄膜并在各层之间夹以无纺织布制成,形成应对真空温差、辐射等恶劣环境的强大屏蔽。

(5)外罩防护层。外罩防护层是舱外宇航服的最外一层,要求防火、防热辐射和防宇宙空间各种因素(微流星、宇宙线、超速尘埃等)对人体的危害。舱外宇航服面料多采用高性能混合纤维制成,具有强度高、耐高温、抗撞击、防辐射等特性,可以在温度±100℃之间保持完好无损。

2. 航天头盔

头盔的盔壳由聚碳酸酯制成,不仅能隔音、隔热和防碰撞,而且还具有减震好、重量轻的特点。为防止宇航员呼吸造成水汽凝结以及低温环境下头盔面窗上结雾、结霜,宇航服专家设计了特殊的气流或防雾涂层。通常,头盔的两侧还各有一个照明灯,能够照亮服装的胸前部分,这有利于宇航员在光照不足的阴照面操作。与照明灯一样位于头盔两侧的还有报警指示灯,一旦服装出现意外,报警灯指示就会闪起,并能发出语音报警。此外,有些头盔(如"飞天"头盔)上还装有摄像头,可以拍摄航天员出舱操作时的情景。

3. 航天手套

手套是与宇航服相配套的,充气加压后具有良好的活动功能和保暖性能,通常用耐热、耐寒、耐磨损性材料制成。舱外使用的是"掌指气密手套"。航天员出舱后,首先遇到的是温度的变化,因此舱外手套最重要的是要耐低温、耐高温、有弹性、不脆化。

航天员须戴多层的手套,其中最关键、最重要的一层就是弹性非常好的乳胶手套。这种手套的制作流程很复杂。在确定了航天员后,要对航天员的双手进行计算机三维扫描,详细记录下双手的手指和手掌的长度、每个指关节的位置、每一截手指的粗细等数据,然后制作出手的模具,最后制作出来的手套必须保证与航天员的手形完全贴合。另外,还要求乳胶手套夹层中要有加强筋、加强板。手套不宜太薄,也不宜太厚,太薄容易损坏,太厚又会影响航天员操作的灵活性。经过多年的研制,手套压缩至小于0.8mm的厚度。[44]

4. 航天靴

航天员穿的每双靴子都是定做的,在研制宇航员的鞋靴时,要把脚的各个部位量一遍,连航天员靴内穿的袜子都算在内。此外,对鞋靴的内部形态从造型、材料方面做了新的调整,要求防静电效能更高,舒适性更强,体感更好,运动状态(跑、跃、行、跳)下的穿用实效更趋于便捷合体。

航天员鞋靴分为里料、面革、底革、防护层等,要具有防尘、防污染、防辐射、防静电、防刺穿的整体功能。除了用料要求高、工艺复杂外,制作过程有着非常苛刻的要求。太空靴从制作过程到航天员穿着,最重要的就是要保证无尘,哪怕一颗芝麻粒般的灰尘都不能有,因为它可能威胁到航天员的安全。

我国第一双航天员靴是过舱靴,诞生于 2000 年。过舱靴的重要作用就是防静电,因此不能带一粒灰尘。交互对接靴俗称"太空便鞋",比较轻便,须具有抗辐射、防刺穿等高性能。航天靴制造时,不能使用胶水,但是要使鞋靴成型,还要将十几层材料上下精准一一对应,特别是要保证做靴过程中给缝纫机加油时,油丝毫不沾染到鞋靴材料上。随着 3D 打印技术的发展,有望简化航天靴制作的工艺流程。

四、新材料、新技术在航天服中的应用

航天服是航天员生活的人体小气候,它的多层结构复杂且精密,为实现所需的各种功能,制作过程中使用了多种材料,如航天英雄杨利伟所穿的神舟五号宇航服中就应用了 130 多种新型材料。为了防止膨胀,宇航服上特制了各种环、拉链、缝纫线以及特殊衬料等。同时,所选材料的配伍要保证保温、吸汗、散湿、防细菌、防辐射等功能俱全。

(一) 新材料的应用

随着科技的进步,一些新型高科技材料也开始在新型宇航服上应用,如相变调温服装材料的应用,可保证服装内的舒适环境。新型宇航服在最里面的密封层使用了两层聚氨酯之间夹着一层厚厚的聚合物胶体的三层结构的"聪明材料"。实验已证实,如果外层的聚氨酯层出现破损,胶体就在破损部位渗出、凝固,自动将漏洞堵上,具有自我修复破损的功能。在真空箱中进行的实验也表明,该材料可以自动修复直径最大为 2mm 的破洞。"聪明材料"中附有一层交叉的通电线路,如果材料出现较大破损,电路就会被破坏,传感器会立即把破损位置等信息传送给计算机,并及时向宇航员发出警报;此外,"聪明材料"若使用涂银的聚氨酯层,还可以杀死病原体。

(二) 新技术的应用

许多新兴技术在航空航天上的应用,缩短了航天器的制造时间,提高了控制精度,更能高效保障宇航员的安全。其中,近几年迅速发展的 3D 打印技术在航天领域的应用大放异彩。

3D 打印技术最突出的优点是无须机械加工或任何模具,就能直接从计算机图形数据中生成任何形状的零件,加之该技术的高柔性、高性能灵活制造特点,以及对复杂零件的自由快速成型,金属 3D 打印已在航空航天领域得以广泛应用。历史上第一次将 3D 技术应用于宇航服设计的是美国宇航局,它设计的 Z-2 宇航服的 3D 打印部件是通过 3D 扫描每个宇航员的身体尺寸而专门定制的,确保了尺寸精确无误。美国宇航局利用 3D 激光扫描仪和 3D 打印机设计的 Z-2 宇航服如图 9-18 所示,定制化 3D 打印宇航服给宇航员带来了舒适。

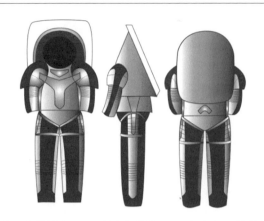

图 9-18　美国宇航局利用 3D 激光扫描仪和 3D 打印机设计的 Z-2 宇航服

五、未来宇航服的发展趋势

航空航天方面，美国、俄罗斯一直走在世界的前列，最近十几年我国的航天事业也取得了突飞猛进的发展。目前各国的研究人员都在不断地利用新材料和新技术开发新型高科技宇航服。宇航服经过几十年的改进，已基本解决了热湿舒适性、基础活动性、心理生理障碍、空间感等方面的问题，逐步向更安全化、高智能化、轻便化、舒适化的方向发展。

自 20 世纪 80 年代末，美国宇航局开始研发 Mark Ⅲ宇航服的样品服，其背穿式系统和各关节能弯曲的设计可以让宇航员能跪下，并执行其他任务。Mark Ⅲ宇航服比其他宇航服重，但比以前的宇航服灵活，其使用压力很高，被称为"零吸氧排氮"宇航服。2002 年，迪安·艾普勒（Dean Eppler）博士穿着 Mark Ⅲ升级版航天服在亚利桑那州进行未来技术实地测试，如图 9-19 所示。

图 9-19　Mark Ⅲ升级版宇航服　　　　　图 9-20　Bio-suit 宇航服

2007 年，美国麻省理工学院航空航天工程学教授达瓦·纽曼和她的同事们经过 7 年多的研究，选用镍钛记忆合金发明了一种能够散发热量并自主收缩加压的线圈，该线圈产生的压力甚至足以代替目前的加压气密宇航服，保证宇航员在真空环境中的正常活动。该研究团队将这种线圈编入宇航服，研发出了一种使用氨纶和尼龙材料制成的类似紧身衣的轻薄高科技 Bio-suit 宇航服,如图 9-20 所示。[45]但研发人员表明,Bio-suit 正式宇航服还需很长的研发时间,预计第一次火星探险时有望投入使用。

2012 年 7 月,由美国宇航局先进舱外服计划(AES)开发的 Z-1 宇航服原型通过了约翰逊航天中心进行的真空测试。Z-1 宇航服采用 13 英寸(约合 33cm)的圆顶设计,这种设计适合体型较大的男宇航员,如图 9-21 所示。[46]它由(不充气时)柔软的面料制成,镶装着多个硬体单元。它是所谓的"后进入宇航服",背部留有一个与生命支持背包共用的舱口,供宇航员迅速进入、退出。借助背部的舱口盖,该宇航服可以方便地停靠在航天器、星

图 9-21　美国 Z-1 宇航服原型

球探测车和居住中心。宇航员从内部打开舱口盖,无须使用气闸就能进出宇航服。由于 Z-1 宇航服运行在与飞船相同的压力下,宇航员不必多次执行"预呼吸"(注入纯氧),让宇航服达到与飞船相同的压力,因而节省了时间和材料。Z-1 宇航服在腰、臀、腿和脚踝部位的轴承都经过改进设计,能给宇航员更大的行动自由。此外,Z-1 宇航服采用带有聚氨酯涂层的尼龙和聚酯层,能有效地保持压力和形状,整体非常灵活,但有点重;考虑到将来可能用于火星,特采用了水膜蒸发冷却器,其冷却原理与人体出汗相同;改进了去除二氧化碳的气体洗涤器;综合 20 年来的新技术,研发了更坚固、不易受污染、具有更多新功能的改进型生命支持背包。

不久,美国宇航局在 Z-1 宇航服研究的基础上,利用 3D 打印技术研发出了新式的 Z-2 宇航服,如图 9-22 所示。[47]三款 Z-2 宇航服的设计分别称为 Biomimcry、Technology 与 Trends in Society,最大的特点是背部的生命维持装置与头盔相连接,都设计了发光功能,如果天体表面环境较为昏暗,可以进行照明。[48]新型宇航服要具备可在其他天体上行走的能力,比如火星、月球以及小行星,这三个目标是美国宇航局未来深空探测的主要方向。预计不久的将来,优选出的 Z-2 正式宇航服将在国际空间站上进行测试,同时判断未来将生产多少套新型宇航服以满足美国宇航局空间行走、天体表面登陆的需要。

图 9-22　美国 Z-2 宇航服原型

练习与思考

1. 简述功能性服装的概念及种类。
2. 简述功能性服装的研究内容。
3. 从工效的角度分析功能性服装与普通服装的异同。
4. 隔热防火服的防护机理是什么?
5. 简述隔热防火服的基本结构。
6. 简述两种抗荷服的结构与工作原理。
7. 简述代偿服的工作原理。
8. 简述舱内航天服的基本结构。
9. 舱外航天服与舱内航天服相比较,需要增加哪些新的功能和结构?

参考文献

［1］欧阳晔. 服装卫生学［M］.北京:人民军医出版社,1985.

［2］BOUCHER Fancois. A History Of Costume In The West［M］. London:Thames & Hudson Ltd,1987.

［3］Elizabeth Ewing. History Of Twentieth Century Fashion ［M］. London: B T Batsford,1986.

［4］李当岐. 西洋服装史［M］.北京:高等教育出版社,1998.

［5］华梅. 中国服装史［M］.天津:天津人民美术出版社,1989.

［6］庞诚,陈景山. 暖体假人在设计、评价航天服调温功能中的作用［J］.中国空间技术,1997(1):18－22.

［7］李仁欣.人体穿着热感觉预测模型研究［J］.纺织学报,1994(4):49.

［8］刘丽英.服装微气候热湿传递数值模拟及着装人体热舒适感觉模型的建立［D］.上海:东华大学,2002.

［9］WATT I C. Studies of the Wool-Water System, Part2:the Mechanisms of Two-Stage Absorption［J］. Textile Research Journal,1960,30(3):641－651.

［10］张万欣.暖体假人设计评价液冷服中的应用研究［R］.中国航空学会 2000 年环控暨人机工效学术交流会论文集.北京:中国航空学会,2000:218－224.

［11］甘雨.浅谈仿生学在服装设计中的应用［J］,辽宁丝绸,2013(3):17－18.

［12］张渭源.服装舒适性与功能(第二版)［M］.北京:中国纺织出版社,2011.

［13］朱方龙.服装的热防护功能［M］.北京:中国纺织出版社,2015.

［14］阎克路.染整工艺学教程(第一分册)［M］.北京:中国纺织出版社,2005.

［15］李宁,屠振密.化学镀实用技术［M］.北京:化学工业出版社,2003.

［16］Hsu P C,Liu X G,Liu C,et al. Personal Thermal Management By Metallic Nanowire-Coated Textile［J］. Nano Letters,2015,15(1):365－371.

［17］林建波,殷海波,曹永强.隔热防护服镀铝层厚度测试分析［J］.中国个体防护装备,2015(5):37－40.

［18］庄明宇.高性能面料磁控溅射镀膜工艺与性能研究［D］.上海:上海工程技术大

学.2015.

[19] 翟云祁.芳砜纶防护面料的磁控溅射镀膜研究[D].上海:上海工程技术大学.2016.

[20] Sun G, Yoo H S, Pan N. Radiant Protective and Transport Properties of Fabrics Used By Wildland Firefighters[J]. Textile Research Journal , 2000 (7):567 – 573.

[21] Stull J O . Comparison of Conductive Heat Resistance and Radiant Heat Resistance with Thermal Protective Performance of Fire Fighter Protective Clothing[C] . Performance of Protective Clothing, ASTM , 1997: 248 – 268.

[22] GB/T 20654 – 2006,防护服装机械性能材料抗刺穿及动态撕裂性的试验方法[S].

[23] GB/T 20655 – 2006,防护服装机械性能抗刺穿性的测定[S].

[24] 姜怀,林兰天,孙熊.常用/特殊服装功能构成、评价与展望(下)[M].上海:东华大学出版社,2007:295 – 296.

[25] 刘长明,房瑞华.抗荷服装[J].中国个体防护装备,2003 (4):41 – 42.

[26] Poppen J R, Drinker C K. Physiological Effects And Possible Methods Of Reducing The Symptoms Produced By Rapid Changes In The Speed And Direction Of Airplanes As Measured In Actual Flight [J]. Journal of Applied Physiology,1950, 3(4): 204 – 215.

[27] Brook W H. The Development Of The Australian Anti-G Suit [J]. Aviation Space And Environmental Medicine. 1990,61(2):176 – 182.

[28] Sieker H O. Martin E E. A Comparative Study of Two Experimental Pneumatic Anti-G suits and the Standard USAF G-4A Anti-G Suit [J]. 1953;312 – 317.

[29] Burton R R, Parkhurst M J, Jr LS. $+G_z$ Protection Afforded By Standard And Preacceleration Inflations Of The Bladder And Capstan Type G-suits [J]. Aerospace Medicine,1973,44 (5):488 – 494.

[30] Krutz RW Jr, Burton R R, Forster EM. Physologic Correlated Of Protection Afforded By Anti-G Suits [J]. Aviation Space & Environmental Medicine,1990, 61(2):106 – 111.

[31] 耿喜臣,詹长录,颜桂定,等.不同压力制度抗荷正压呼吸的 + Gz 防护作用(英文) [J].航天医学与医学工程,2000(3):166 – 170.

[32] 充液式抗荷服 [EB/OL]. (2001—05—22). http://www. eol. cn/article/ 20010101/20264. shtml.

[33] Fisher P W. High altitude respiratory physiology[EB/OL]. (2006—06—21). http:/ /www sam. brooks. af. mil/ af/ files/ fsguide/ HTML /Chapter_02. html.

[34] 余志斌.航空航天生理学[M].西安:第四军医大学出版社,2008.

[35] 卢子和.管式和囊式分压服性能的比较评价[J].航空军医,1982(增刊):17 – 29.

[36] 肖华军.战斗机高空供氧防护系统的研究进展[J].中华航空航天医学杂志,2002, 13(3):198 – 201.

[37] 刘晓鹏.高空代偿服的生理学研究进展[J].中华航空航天医学杂志,2011,22 (1):56 – 59.

[38] Wormser S J. Development of the advanced tactical life support system(ATLSS) [J]. Yoncala:SAFE Association ,1993:1 – 7.

［39］Fraser W D, Goodman L S, Ackles K N, et al. Cardiovascular responses with stand-ard and extended bladder coverage G-suit during rapid decompression［J］. Aviat Space Environ Med, 1994 , 65:209.

［40］房瑞华. 防寒抗浸服［J］. 中国劳动防护用品,1994 (6):31－34.

［41］晏雄. 产业用纺织品［M］. 上海:东华大学出版社,2013.

［42］宫浩钦,刘杨. 科技引领时尚——航天服设计的功能要求和形式特点［J］. 创意与设计, 2010(1) :33－36.

［43］张万周. 俄罗斯舱外活动航天服的发展概述［J］. 中国航天,1998(6):27－31.

［44］为航天员"量手定做"的手套［EB/OL］. (2008—09—25). http://news. qq. com / a/ 20080925 /002245. Htm.

［45］新型宇航服紧身又时尚［EB/OL］. (2007—07—18). http://www. enet. com. cn/ article/2007/0718/ A20070718731104. shtml.

［46］这就是下一代宇航服:NASA 公布三套 Z-2 设计 ［EB/OL］. (2014—3—26). http://news. mydrivers. com/1/298/298188. htm? fr = m.

［47］NASA 使用 3D 打印和激光技术造未来宇航服［EB/OL］. (2014—9—15). http:// www. zhld. com/content/2014－09/15/content_335796. htm.

［48］张弛. 美国公众投票选出 Z-2 航天服设计［J］. 太空探索,2014(6):26－27.

第十章

智能服装

第一节　智能服装概述

一、智能服装的概念

智能服装（Smart Clothing）是指模拟生命系统，不仅能感知外部环境或者内部状态的变化，而且能够通过反馈机制，实时地对这种变化做出反应的服装。

智能服装结合了电子信息技术、传感器技术、纺织科学及材料科学等相关领域的前沿技术，主要通过两种方式实现自身的智能化。一种方式是运用智能服装材料，如变色材料、形状记忆高分子材料、相变材料、隔热材料等；另外一种方式是运用信息技术、微电子技术，将导电材料、柔性传感器、无线通信技术和电子电源等，通过嵌入式的方法（如材料混纺、改性加工与后整理等）植入纺织品中。后者也称为可穿着技术[1,2]。

智能服装根据智能程度可以分为以下三个等级[3,4]：

（1）被动式智能服装（Passive Smart Clothing）——仅作为一种传感器感知环境。

（2）主动式智能服装（Active Smart Clothing）——不仅可以感知环境而且能够利用执行器进行一定的操作。

（3）超智能服装（Intelligent Clothing）——能够根据环境的变化主动采取一些操作，或者可根据预先编好的程序进行操作。

二、智能服装的构成

陶晓明教授提出了智能服装系统的结构框架[5]，系统主要由接口、通信、电源管理、数据管理和集成电路等几部分构成，如图 10-1 所示。

图 10-1　智能服装系统构成

1. 接口

智能服装包含多种传感器,通过接口可以使智能服装与穿着者和外界环境进行信息交互。接口分为输入、输出两种,其中最常用的输入接口是按钮或键盘,通过多层编织技术或聚合物系统将其嵌入智能服装中。随着智能服装复杂性的提高,语音识别和手写输入越来越多地运用其中。输出是将信息传达给穿戴者,如可以通过振动(触觉)或提示音提醒穿戴者,但是其给出的信息量较少;通过语音合成技术,可以使穿戴者不需要进行信息解码即可理解;还可以通过视觉界面,如 LCD、OLED、PLED 和 FOD 等屏幕,实现穿戴式平板显示或头戴式显示。

2. 通信

主要分为短程通信和远程通信。通过短程通信,可在两个可穿戴设备之间传递信息,主要通过嵌入式布线、红外、蓝牙技术和个人区域网(PAN)来实现。通过远程通信,可在用户之间传递信息,主要通过 3G/4G 网络来实现数据、图片和视频传输服务。

3. 数据管理

最常用的三种数据管理技术即存储技术分别是磁存储、光学存储和固态存储(闪存存储)。其中,固态存储由于没有转动部件,一切都是电子而不是机械,因而具有坚固、尺寸小、质量轻和功耗低等特性,使得它很好地适用于智能服装的应用程序。

4. 电源管理

智能服装所需的电力主要由 AA 电池或锂电池提供。现在的研究热点是如何通过收集人体热量、太阳能为系统供电。智能服装供电方式可分为分布式电池供电和集中式电池供电两种方式。

5. 集成电路

相较于传统的用硅做集成电路,导电或半导电高分子材料具有柔性好、质量轻、结实以及生产成本低等特性,使得它们非常适合智能服装。

三、智能服装的设计

与普通的服装设计不同,智能服装的设计和研究是多学科的交叉融合,涉及电子技术和软件工程、人体工程学、服装与纺织学、材料学及服装设计。有的学者认为智能服装的设计依据是服装需要有哪些功能以及最终用户潜在的需要,包括可靠性和耐久性、可维护性、可穿着性、可用性及美学等方面[1]。国外研究者在智能服装的设计中对电子智能服装的舒适性能尤其关注,包括服装的热湿舒适性、电子元件与人体皮肤接触的感觉舒适性及服用安全性等方面。综合国内外学者对智能服装的设计和评价方法,归纳出普遍适用于智能服装的设计流程:

(1)以用户的需求为第一要素,通过调研或查阅资料等方式,了解用户的需求,并根据使用中可能遇到的问题来进行技术设计,以满足其心理、生理需求,符合其个性、生活方式和使用环境。

（2）进行技术设计，选取可以实现预期功能的技术以及合适的面料，设计具有美学效果的结构造型。

（3）原型开发完成后，从感觉舒适性、服用安全性等多角度进行性能评价。

整个研发过程应遵循环境保护和满足用户需求的原则。

四、智能服装的应用

1. 医疗保健领域的应用

在当今社会，人们越来越重视健康，智能服装能够提供个人系统生理状态监控。通过在老年人、病人和其他高危人群的服装上安装传感器，可以连续监测他们的血压、脉搏、体温和湿度等。如芬兰专门生产户外服装的 Reima-Tutta 公司新开发的 Reima 智能服装，可以监测人体各种功能以及环境数据，在严寒的环境中穿着时，如果身体状态不佳，它还会自动发出求救信号。

2. 军事领域的应用

军事领域是智能服装最有前景的应用领域。

通过将智能服装连接到 GPS 可以帮助士兵们越过复杂的地形和未知的领域。智能服装还可以让士兵知道敌人的位置。如弗吉尼亚理工大学研制的 Stretch 织物，通过在织物内嵌入电子线路和传感器，能使士兵听到敌方部署在远距离的车辆所发出的声音。传感器之间可以彼此交换信息，通过计算机软件转变成图像，使士兵能确定所侦测到的声源的具体位置。士兵也可以通过此智能服装与上司保持联系。

军用智能作战防护服通过内置导电材料，嵌入微型空调系统和生理检测仪器，可调节颜色和温度，使作战服更为舒适并能感应测试士兵的身体状况。

3. 时尚领域的应用

近年来，以科技、智能为主题的服装秀逐渐增加，时尚与科技的融合日益紧密。如 Ying Gao 礼服，采用发光纱布材质，同时内置视觉追踪传感器，当别人盯着衣服时，会发现亮光在上面缓缓移动，以此来实现"人衣交互"的目的。又如 Cute Circuit 设计的服装，将 LED 集成到新型织物中，用户可以通过手机应用软件控制动画形象和亮度。

4. 健身领域的应用

智能服装在健身领域也有着广泛的应用，借助于集成在服装内的各类传感器，可以检测人体在运动状态下的多种人体参数。Athos 运动紧身服采用医学领域的 EMG 肌电图技术，将 EMG 运动传感器嵌入到服装面料中，当穿着者运动时，该服装能够感应和追踪到肌肉纤维内部的活动，从而帮助用户获得更具针对性的健身运动效果。Heddoko 智能运动服通过动作捕捉技术可以实时显示用户的 3D 动作图，获得形体这一重要健身数据，以达到改正肌肉记忆、获得好的锻炼效果的目标。

第二节　智能服装材料

一、智能服装材料简介

智能服装材料是指对环境条件或环境因素的刺激有感知并能做出反应,同时保留服装材料固有风格和服用性能的材料[6]。

智能服装材料属于智能材料的范畴,具有智能材料的主要要素:感知、反馈和响应。智能材料(Smart Materials)是指模仿生命系统,同时具有感知和驱动双重功能的材料,即不仅能够感知外界环境或内部状态所发生的变化,而且通过材料自身的或外界的某种反馈机制,能够实时地将材料的一种或多种性质改变,做出所期望的某种响应的材料,又称机敏材料[7]。智能材料的一个显著特点是将高技术的传感器和执行元件与传统材料结合在一起,赋予材料新的性能,使无生命的材料具有越来越多的生物特有的属性。

智能服装材料未来将向着多功能化、低成本化、易穿易洗、美观时尚、绿色环保等趋势发展。

二、典型智能服装材料

根据智能服装材料所表现出的功能,可将其分为变色材料、形状记忆材料、蓄热调温材料、隔热材料等多种材料。

1. 变色材料

变色材料是指在受到光、热、水分或辐射等外界刺激后,能够自动且可逆地改变颜色的材料,主要包括热敏变色材料和光敏变色材料等。

热敏变色材料(Thermochemical Materials),又称为热致变色材料,是指在特定环境温度下由于结构变化而发生表面颜色可逆变化的材料。实现热敏变色主要有两种方式:一是将热敏变色剂充填到纤维内部;二是将含热敏变色微胶囊的氯乙烯聚合物溶液涂于纤维表面,经热处理使溶液呈凝胶状来获得可逆的热敏变色功效。

光敏变色材料(Photochromic Materials),又称为光致变色材料,是指在一定波长的光线照射下产生变色,而在另外一种波长的光线照射下又会发生可逆变化回到原来颜色的材料。这些化学物质因光的作用发生与两种化合物相对应的键合方式或电子状态的变化,可逆地出现吸收光谱不同的两种状态,即可逆的显色、褪色和变色。

2. 形状记忆材料

形状记忆材料(Shape Memory Materials)是指在热成型时能记忆外界赋予的初始形状,冷却后可任意形变并在更低的温度下将此形变固定下来(二次成型),当再次加热到某一临界温度(称为逆相变温度)时能可逆地恢复初始形状的一种材料。其本身可以自感知、自诊断、自适应,具有传感器、处理器和驱动器的功能。形状记忆材料包括形状记忆合金和形状记忆聚合物[8]。

形状记忆材料在服装中的加工方法大致有以下三种：

（1）通过用聚合物后期整理的方法，赋予天然纤维或人造纤维以形状记忆功能，同时也解决了普通纤维易起皱、缩水、定形不稳定等问题。

（2）利用形状记忆材料直接制造或合成形状记忆纤维。这种纤维除了用于制造特殊功能的服装外，还可以设计成样式美观的花色纱线，织造不同的织物，简化纤维的后整理工序。

（3）利用各种方法，如接枝、包埋等，将有形状记忆的高分子材料嫁接到纤维上，使纤维拥有形状记忆功能。

形状记忆材料在生物医学、纺织服装、包装、国防军工等领域有着广阔的应用前景。在服装领域，具有形状记忆的领带、服装衬里、运动服、登山服、帐篷等以其抗皱、免烫、防水、透湿、保温、定型等多种功能，以及温度自动调节等智能特性，深受消费者青睐。

3. 蓄热调温材料

蓄热调温材料（Temperature Adaptable Materials），又称为相变材料，是一种能够自动感知外界环境温度的变化而智能调节温度的高技术纤维材料。

相变材料可以设定相转变点，在一定时段实现一定温度范围内的温度恒定，是一种积极式的智能保温材料。它以提高服装的舒适性为主要目的，可以吸收、储存、重新分配和放出热量。在外界环境温度升高时，服装中的相变材料吸收热量，从固态变为液态，降低体表温度；当外界环境温度降低时，相变材料放出热量，从液态变为固态，减少人体向周围环境放出的热量，保持正常体温，为人体提供舒适的"衣内微气候"环境[7]。

蓄热调温材料按其制作方法不同主要分为相变物质类温控纤维、添加溶剂类温控材料、电发热温控纤维和其他类型的温控材料等四种。

4. 光子材料

光子材料是指能够创造、传播和探测光子的材料。用纱线、丝等将塑料光子纤维包缠后织造成光子面料，在面料的表面用发光染料进行后整理，涂上各种图案，或由不同颜色的光子面料制成图案，再对有图案的光子布面进行处理，使得塑料光子纤维芯层传输光从侧面泄露，在塑料光子纤维两端用白光发射二极管（LED）或各种颜色的LED通光，面料就可以展示不同的颜色和图案[9]。

5. 电子信息材料

电子信息材料是指将电子技术、信息技术等高新技术融入纺织服装产品的高科技材料，目前主要有光纤传感器、压电传感器和微芯片传感器等。

（1）光纤传感器。

光纤传感器是一种可以探测到应变、温度、电流、磁场等信号的纤维传感器。通过将光纤传感器植入衬衣可以探测心率的变化；适用于介质探测织物，当织物中的传感器接触到某些气体、电磁能、生物化学或其他介质时，会被激发而产生一种报警信号。

（2）压电传感器。

压电传感器的核心是由电材料组成的传感系统，它能够将外界的机械影响，如振动、冲击、磨损等转变成电信号传给接收装置和处理装置，然后再把处理后的信号传给反应装置以做出相应的反应和变化[10]。

（3）微芯片传感器。

微芯片传感器是将传感器与微型计算机集成在一块芯片上的装置,主要负责数据的收集并将数据传输到智能终端上。

目前,微电子元件与服装材料结合的方式主要有以下三种:

① 数字化纤维编织法。

将高度集成的微电子器件置于纤维纱线中,或直接在纤维上集成元件,制成含集成电路的数字化纤维,再织成数字化织物,这是一种高级结合方式。通过数字化纤维可以把包含丰富功能的大量电子模块编织在一起,分布在给定的纤维上,每个模块都有能量来源、传感器、少量的工作能量以及启动器。利用这些被数字化的纤维的特殊性能,可以将织物设计成一个柔性网络,分布在服装上,或者依据传统的服装结构,将这些数字化纤维织成可穿的电子智能服装。

② 纺织材料复合法。

纺织材料复合法是通过将轻质的导电性织物和一层极薄的具有独特电子性能的复合材料组合在一起来实现微电子元件与纺织品的结合。

③ 纺织柔性电子点阵面料。

柔性电子点阵是通过对织物组织结构的特殊设计,将纺织品的编织线路(电路)、热变色墨水与驱动电子元件结合在一起。电子点阵具有非放射性、高柔韧性和柔软性。

第三节　典型智能服装介绍

随着现代社会生活水平的提高和各种压力的增大,人们的健康状况越来越受到关注。服装作为与人体接触最为密切的媒介,具有多个优势,譬如舒适,轻薄,移动性好,不具有视觉、接触以及心理的排斥感,而且是日常必备物件,具有低生理负荷和低心理负荷的特点,是实现人体信号采集的最佳平台。其大面积与人体接触的特点也为获取丰富的人体生理参数提供了可能。同时,其数据采集模式不会影响穿着者的日常活动,能够实现在线连续监测,所以,服装已成为可穿戴医疗监护设备的最佳载体之一,将服装装备成监控人体的医疗设备是目前的一个研究热点。本节以 VTAMN 智能服装为例作具体介绍[11]。

一、VTAMN 智能服装的目的

VTAMN 智能服装旨在测量日常生活中人体活动和生理参数,其主要目的有:

（1）实现医疗远程监测。

（2）收集穿着者的心电图(ECG)、呼吸频率、体温等生理信息和地理位置信息。

（3）实现穿着者地理位置数据可视化。

（4）在嵌入各种生物传感器的同时,能够使舒适性保持在一个合理的范围内。

（5）确保智能服装的质量在可承受的范围内,同时具有良好的水洗性能。

二、VTAMN 智能服装的工作原理

VTAMN 智能服装通过遍布全身的传感器网络,运用分布式算法,测量人体日常生活中的活动参数和生理参数。如果发生意外,可通过手机和 GPS 定位来救助。

三、VTAMN 智能服装的组成

VTAMN 智能服装主体是一件 T 恤,内部植入 4 个干心电图(ECG)电极、1 个呼吸速率传感器、1 个撞击/摔倒探测传感器和 2 个温度传感器,这些传感器通过织入服装的导电纤维将感测信号传输给接收设备,从而实现人体心率、温度、呼吸运动的检测,以及是否发生摔倒、撞击等突发事件的监测。同时,腰带上包含电子主板、GSM 和 GPS 模块、电池和 ECG 模块,腰带连接到 T 恤,其整体结构如图 10-2 所示。

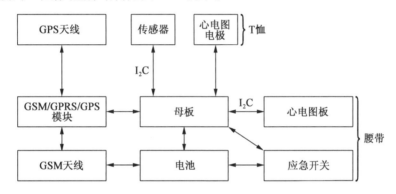

图 10-2 VTAMN 智能服装的结构

1. 服装内部线路

服装内部采用 I_2C(Inter-Integrated Circuit)总线模型,用于连接微控制器及外围设备,用其组成体域网,实现数据的收集和电力提供。

2. 智能服装材料

VTAMN 智能服装的绝大部分线材采用棉和不锈钢线混合编织。除 ECG 电子元件采用编织方法外,其他的线路都绣在服装上所有的电子器件都以最短路径的形式连接到总线上。

3. ECG 系统

ECG 系统采用 12 导联 Holter 系统,可以连续长时间(24h)记录心电图信息。

4. 呼吸功能监测系统

呼吸功能检测系统采用基于电感线圈的电器进行测量,放置在腹部位置,以此来记录穿着者的呼吸频率。

5. 摔倒探测传感器系统

摔倒探测传感器系统主要用于检测人的活动,它包含一个二轴加速度传感器和一个微控制器,嵌制在一个柔性电子电路板上。它的灵敏度和准确度达 80%。在 VTAMN 智能服装的左侧放置了摔倒探测传感器。

6. 温度传感器系统

温度传感器直接集成在 I_2C 接口上,第一个传感器放置在服装表面用于测量环境温度,第二个温度传感器放置在服装内部用于测量人体温度。

7. 系统集成

除了将前面所描述的传感器、总线和模块整合到 VTAMN 智能服装中,还要将全球移动通信系统(GSM)和全球定位系统(GPS)以及电源、天线和数据传输等模块也加入其中。

为了降低整套服装的功耗,电池设置在腰带中。出于同样的目的,将 GPS/GPRS 模块也整合到了腰带中。

整套服装的质量为730g,其中腰带占据了一半的质量,但是实现了长达 18h 的电池持续供电。

8. 显示终端系统

VTAMN 智能服装通过腰带中内置的 GSM 模块,将获取的人体生理数据传输到计算机相关软件中。软件可以管理每一个病人的数据,如 ECG 信号和位置信息。

四、VTAMN 智能服装的应用

从前面的介绍可知,VTAMN 智能服装可以应用于行动不便的病人或者老人,可以有效地在其摔倒的第一时间通知急救中心。同时,VTAMN 智能服装还适用于患有老年痴呆症的病人,可以通过 GPS 定位找到丢失的老人。当然,该服装也适用于普通人,可以实时监测人体生理数据,起到预防的作用。

练习与思考

1. 简述智能服装的概念及其分类。
2. 简述智能服装的设计流程。
3. 举例说明智能材料的具体应用。
4. 简述智能服装的构成。

参考文献

[1] 邹奉元. 智能服装的设计和研发[J]. 装饰, 2008(1):24 – 26.

[2] 王香琴, 辛斌杰, 许鉴. 智能纺织品的研究进展及发展趋势[J]. 国际纺织导报, 2012, 40(10):38 – 41.

[3] Zhang X X, Tan X M. Smart textiles:Passive smart[J]. Textile Asia, 2001, 32:45 – 49.

[4] Zhang X X, Tao X M. Smart textiles (2):Active smart[J]. Textile Asia, 2001, 32:49 – 52.

[5] Tao X. Wearable Electronics and Photonics[M]. Cambridge:Woodhead Publishing Limited, 2005.

［6］曹立辉.智能服装材料开发与应用研究［J］.浙江纺织服装职业技术学院学报，2010，9(3)：25－28.

［7］师昌绪.材料大辞典［M］.北京：化学工业出版社，1994.

［8］刘娜.智能材料在服装上的应用［J］.上海纺织科技，2011，39(7)：5－7，19.

［9］刘国联.服装新材料［M］.北京：中国纺织出版社，2005.

［10］鲍淑娣，张元亭.远程医疗：穿戴式生物医疗仪器［J］.中国医疗器械信息，2004，10(5)：1－3.

［11］Weber J L，Blanc D，Dittmar A，et al. Telemonitoring of vital parameters with newly designed biomedical clothing ［J］. Studies in Health Technology & Informatics，2004，108：260－265.

第十一章

人体体型与服装设计

　　人是服装的使用主体，是服装美的载体，一切设计都应该围绕人展开。人体体型主要是指人体的外形，以及影响外形的骨骼和肌肉、人体结构的长宽比例等。人体体型的研究与服装结构设计密不可分，相辅相成。体态特征是研究服装结构的依据，完美的结构设计可以弥补人体体型中的不足，起到扬长避短的修饰作用。

第一节　人体测量及其应用

一、人体测量方法

　　人体测量是对身体各方面特征数据的度量，是人体形态特征研究的基础。目前，服装领域的人体测量方法主要有接触式测量法与非接触式测量法两种。

　　（一）接触式测量法

　　接触式测量法是一种直接测量法，是指使用测量工具对人体进行接触式测量，得到人体各部位尺寸及重要部位角度的方法。它简单易行，成本低廉，被绝大多数国家所采用。但是该方法测量时间较长，易使被测者感到疲劳和窘迫，所得数据应用也不灵活；而且这种测量方法与测量者的技巧、经验有很大的关系，易产生人为误差。

　　1. 测量工具

　　GB/T5704—2008《人体测量仪器》分别对人体测高仪、人体测量用直脚规、人体测量用弯脚规、人体测量用三角平行规的结构、技术要求、操作规程等设置了相应的标准。图11-1、图11-2、图11-3、图11-4是上述测量工具的示意图。

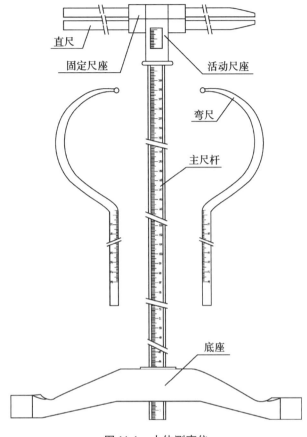

图 11-1　人体测高仪

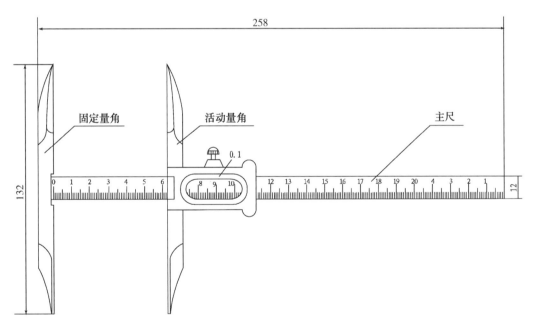

图 11-2　人体测量用直角规

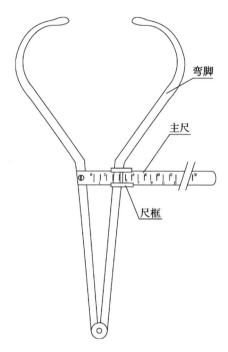

图 11-3　人体测量用弯角规

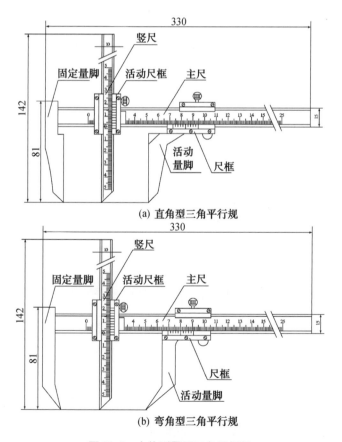

(a) 直角型三角平行规

(b) 弯角型三角平行规

图 11-4　人体测量用三角平行规

除了这些测量仪器之外,在服装设计生产中,为了简化操作,最常用的人体计测工具还有软尺与人体测量用角度计等,人体测量用角度计如图 11-5 所示。

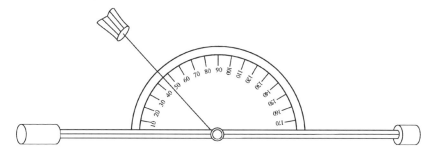

图 11-5　人体测量用角度计

2. 测量要点

进行人体测量时,要求被测者穿紧身衣,免冠赤足,这样测得的尺寸是净尺寸,即各尺寸的最小极限或基本值。极限尺寸的测量为设计师提供了一定的标准,在设计时可以据此或增或减,从而扩大了创作空间。

测量时需按规定的姿势成立姿与坐姿形式。立姿时,被测者应挺胸直立,头部以眼耳平面定位,眼睛平视前方,肩部放松,上肢自然下垂,手伸直,掌心朝向体侧,手指轻贴大腿外侧,腰部自然伸直,左右脚后跟并拢,前端分开,约成 45°角,体重均匀分布于两脚。坐姿时,被测者应挺胸端坐,头部以眼耳平面定位,眼睛平视前方,左右大腿接近平行,膝部弯曲约成直角,脚平放于地面,手轻放在大腿上。

考虑我国的测量标准单位统一与规范,一般使用软尺,采用厘米制测量。为保证各部位测量尺寸的准确性和不同测量人员测量的一致性,测量时以人体基本凸凹点为准。如袖长测量应自肩点经肘点至尺骨点。

3. 测量项目

国标 GB/T5703—1999《用于技术设计的人体测量基础项目》中列出了 56 个测量项目,包括立姿测量项目 12 项(含体重)、坐姿测量项目 17 项、特定身体部位测量项目 14 项(含手、足、头)、功能测量项目 13 项(含颈、胸、腰、腕、腿等围度)。这些项目可以为工效学专家和设计者提供在解决设计任务时需用的有关解剖学和人体测量学基础以及测量原则方面的资料。

在进行服装结构设计时,常用的关键测量部位如图 11-6 所示,测量方法如下:

(1)胸围(B):过乳点(BP)沿胸廓水平绕量一周的长度。

(2)腰围(W):在腰部最细部位水平绕量一周的长度。

(3)臀围(H):在臀部最丰满处水平绕量一周的长度。

(4)中臀围(MH):用软尺在腰围至臀围之间 1/2 处水平绕量一周的长度。

(5)颈根围(N):过前颈点(FNP)、侧颈点(SNP)、后颈点(BNP)用软尺绕量一周的长度。

(6)肩宽(S):沿后背表面量左右两肩峰点之间的距离。

(7)前胸宽:沿前胸表面从右侧腋窝量至左侧腋窝的距离。

(8)后背宽:沿后背表面从右侧腋窝量至左侧腋窝的距离。

（9）背长:沿后中线从后颈点量至腰线的距离。

（10）腰长:腰围线与臀围线之间的距离。

（11）臂长:自肩点经过肘点量至腕骨突点的距离。

（12）股上长:俗称"坐高",通常请被测者坐在凳子上,自腰线沿人体量至凳面的距离。

（13）裤长:自侧面腰线量至踝骨突点的距离。此尺寸为股上长与股下长之和,是进行裤子设计时的基本参数。

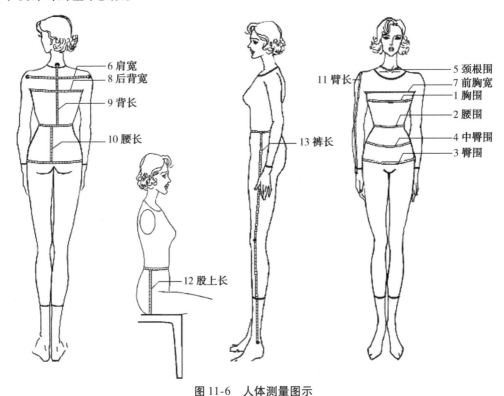

图 11-6　人体测量图示

（二）非接触式测量法

非接触式三维人体测量是现代图像测量技术的分支之一,是现代化人体测量技术的主要特征。与传统的人体测量方法相比,该测量法不用接触人体,而是把被测对象的图像当作检测和传递信息的手段或载体,通过分析,从图像中提取有用的信息。这些信息可以直接运用于 CAD 系统中,实现人体测量与服装设计的一体化,从而快速、准确、高效地进行个性化的服装定制生产,提高服装适体性,加快服装企业的市场反应速度,并为开展服装电子商务提供必要的条件。从 20 世纪 70 年代中期开始,美国、英国、德国和日本等服装业较发达的国家就已开始对此展开研究与应用,我国在这方面的研究开展得相对较晚。

非接触人体测量技术包括:立体摄影测量法、莫尔条纹测量法、激光测量法、3D 人体扫描法等。

1. 立体摄影测量法

立体摄影测量法是初期研发的三维人体测量方法。该方法利用位于不同位置的两台摄像机同时对人体进行摄影,分析体表同一点在两幅图像上成像点的对应关系,再利用几何光学三角测量原理计算得到该成像点的三维坐标。

2. 莫尔条纹测量法

莫尔条纹测量法是基于波纹投影技术原理,应用光栅的投影和光栅形成的条纹来进行人体数据测量的一种方法。1970 年高崎宏和 Meadows 两人分别发表了格栅照射法计量原理,1971 年吉泽发表格栅投影法,从而使莫尔等高线三维测量达到实用的程度。根据产生条纹方法的不同,莫尔条纹测量法分为照射型和投影型。

3. 着装变形测量法

着装变形测量法是通过测定运动引起着装变形的量来估计形体变化、衣料伸长和服装宽松量等的一种方法。该方法包括:织物割口法、捺印法、纱线示踪法等。由于服装变形量不一定等于皮肤变形量,因此估算时须考虑服装衣料与人体间的摩擦系数、服装宽松量等的影响。

4. 3D 人体扫描法

3D 人体扫描技术是基于光学测量的原理,使用多个光源测距仪(由光源和 CCD 仪组成)从多角位对被测者进行测量。摄像机接受光束射向人体体表的反射光,与测距仪同步移动,根据受光位置时间间隔和光轴角度,通过计算机采集相应点的坐标值,从而测得人体数据,描述人体三维特征。

国内外常用的人体扫描系统有十几种。可分为普通光扫描法、激光扫描法和基于 PSD 的发光二极管法三类。

(1)普通光扫描法。

采用该方法的人体扫描仪主要有 Telmat 开发的 SYMCAD 3D Virtual Model;[TC][2] 开发的 2T4、3T6,如图 11-7 所示[1];Turing 开发的 TuringC3D 等。

图 11-7 [TC][2] 的人体扫描仪　　　　图 11-8 Cyberware 的人体扫描仪

(2)激光扫描法。

采用该方法的人体扫描仪主要有 Cyberware 开发的 WBX、WB4,如图 11-8 所示[2];TechMath 开发的 Ramsis、Vitus Pro、Vitus Smart;Vitronic 开发的 Vitus 等。

(3)基于 PSD 的发光二极管法。

采用该方法的人体扫描仪主要有 Immersino 开发的 Micro Scribe 3D;Cad Modelling Ergonomics 的 SCANFIT Dimension,如图 11-9 所示[3];3D-System 开发的 Scan book、3DScan Station

Body 等。

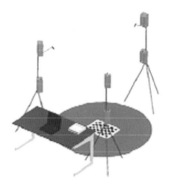

图 11-9　Cad Modelling Ergonomics 的人体扫描仪

三维非接触式人体扫描系统具有扫描时间短、精确度高、测量部位多等多种优于传统测量技术和工具的特点,如德国的 TechMath 扫描仪在 20s 内完成扫描过程,可捕捉人体的 8 万个数据点,获得人体相关的 85 个部位尺寸值,精确度为 < ±0.2mm;美国的 $[TC]^2$ 通过对人体 4.5 万个点的扫描,迅速获得人体的 80 多个数据,可以全面精确地反映人体体型情况。

进行三维人体扫描时,被测者的姿势是否符合要求会对导出数据的准确性有很大的影响。正确的姿势应为:赤脚自然站于水平地面上,双手握把手,双臂微微张开,双脚分开与肩同宽,头向上抬。

扫描输出的数据可直接用于服装设计软件,进行量身定制。目前,人体扫描仪广泛应用于人体测量学研究、服装量身定制(MTM)系统、虚拟试衣、电影特技、计算机动画和医学整形手术等领域。

二、服装号型标准的制定

(一)我国的号型标准

服装号型的作用是为了提升服装批量生产水平和销售水平,更好地满足服装适体性的需要。体型的划分是号型标准中很重要的一个问题,直接关系到号型覆盖率的大小和号型标准使用的方便程度。

服装号型国家标准由国家质量监督检验检疫总局、国家标准化管理委员会批准发布。我国现行的号型标准 GB/T 1335.1—2008《服装号型　男子》和 GB/T 1335.2—2008《服装号型　女子》于 2009 年 8 月 1 日起实施;GB/T 1335.3—2009《服装号型　儿童》于 2010 年 1 月 1 日起实施。这些标准是在 GB/T 1335—1981《号型标准》、GB/T 1335—1991《号型标准》基础上,参考了国际标准技术文件 ISO/TR 10652《服装标准尺寸系统》、日本工业标准 JIS L4004—2001《成人男子服装尺寸》、JIS L4005—2001《成人女子服装尺寸》等国外先进标准修订而成的。

标准中仍以“号”表示人体的身高,作为服装长度设计、生产和选购的参数;“型”表示人体的净胸围或净腰围,作为服装围度设计、生产和选购的参数。在规格基础上,按胸围或腰围的差数大小,将人体体型划分为 Y、A、B、C 四种,如表 11-1 所示。儿童服装号型无体型之分。

表 11-1　我国号型标准中的体型分类　　　　　　单位:cm

体型分类代号		Y	A	B	C
胸、腰围之差	男子	22 ~ 17	16 ~ 12	11 ~ 7	6 ~ 2
	女子	24 ~ 19	18 ~ 14	13 ~ 9	8 ~ 4

标准对成人全身服装或上装仍设置了身高以 5cm 分档、胸围以 4cm 分档的 5.4 系列,下装则采用身高以 5cm 分档、腰围以 4cm 或 2cm 分档的 5.4 系列和 5.2 系列。童装中根据不同身高,分为 7.4 与 7.3 系列、10.4 与 10.3 系列、5.4 与 5.3 系列。7.4 与 7.3 系列用于身高 52 ~ 80cm 的婴儿,指身高以 7cm 分档,胸围以 4cm 分档,腰围以 3cm 分档;10.4 与 10.3 系列用于身高 80 ~ 130cm 的幼儿,指身高以 10cm 分档,胸围以 4cm 分档,腰围以 3cm 分档;5.4 与 5.3 系列用于身高 135 ~ 155cm 的女童及身高 135 ~ 160cm 的男童,指身高以 5cm 分档,胸围以 4cm 分档,腰围以 3cm 分档。表 11-2、表 11-3 分别为成人、儿童号型系列分档范围与分档间距,在上、下装配套时,可参照此表中数值进行选择。

表 11-2　成人号型系列分档范围与分档间距　　　　　　单位:cm

体型 型 号		分档范围		分档间距
		男	女	
体型		155 ~ 190	145 ~ 180	5
胸围	Y 型	76 ~ 104	72 ~ 100	4
	A 型	72 ~ 104	72 ~ 100	4
	B 型	72 ~ 112	68 ~ 108	4
	C 型	76 ~ 116	68 ~ 112	4
腰围	Y 型	56 ~ 86	50 ~ 80	2 或 4
	A 型	58 ~ 92	54 ~ 86	2 或 4
	B 型	62 ~ 104	56 ~ 98	2 或 4
	C 型	70 ~ 112	60 ~ 106	2 或 4

表 11-3　儿童号型系列分档范围与分档间距　　　　　　单位:cm

儿童类别	号		型			
	分档范围	分档间距	胸　围		腰　围	
			分档范围	分档间距	分档范围	分档间距
婴儿	52 ~ 80	7	40 ~ 48	4	41 ~ 47	3
幼儿	80 ~ 130	10	48 ~ 64	4	47 ~ 59	3
男童	135 ~ 160	5	60 ~ 80	4	54 ~ 69	3
女童	135 ~ 155	5	56 ~ 76	4	49 ~ 64	3

这样综合号、型及体型分类,就可以确定不同规格的全部信息。例如女子上装"165/88A"中"165"表示身高为165cm,"88"表示净胸围为88cm,体型代号"A"表示胸围与腰围差量为18~14cm。

标准给出了男子、女子、儿童各体型不同号型系列的控制部位数值,通过增加放松量的处理可以转化为服装规格尺寸。主要控制部位为:身高、颈椎点高、坐姿颈椎点高、全臂长、腰围高、胸围、颈围、总肩宽、腰围、臀围。

(二)体型划分方法分析

体型的划分是号型标准中一个很重要的问题,其目的不仅是要将人体的生理体型特征区分开来,更重要的是要方便样板的制作,提高号型覆盖率。不同国家的号型标准采用不同的划分方法。下面以成年女子体型划分为例,对主要的体型划分方法进行分析。

1. 中国

如表11-1所示,我国号型标准中将女子体型根据胸围、腰围差值大小划分为四类:Y、A、B、C,差量范围从24cm至4cm。

2. ISO

ISO服装标准尺寸系统明确说明体型划分的依据是胸臀差,不同体型胸臀差没有重叠部分。划分体型时主要考虑胸臀差,其次才考虑臀围的大小。在胸围不变的条件下,A体型的臀围比M体型的臀围大8cm左右;H体型的臀围比M体型的臀围小5cm左右。

3. 日本

日本成年女子体型的划分,首先须确定腰臀比例匀称的体型作为A体型,即小姐尺码;然后以此为参照,臀围比A体型小4cm、腰围尺寸相同的较瘦高体型为Y体型,即少女尺码;臀围比A体型大2cm、腰围大3cm的体型为AB体型,即少妇尺码;臀围比A体型大4cm、腰围大6cm的为B体型,即妇女尺码。

4. 德国

德国女子的体型划分与日本相似,将身高划分为160cm、168cm、176cm三档,然后将这三档身高和所有的胸围相配,臀围尺寸适中的人为标准尺码。与标准尺码相比,臀围比标准尺码大6cm的人为宽阔尺码;比标准臀围小6cm的人为纤细尺码。

5. 美国

美国ASTM标准在进行体型划分时并没有考虑胸腰差或胸臀差,而是在综合考虑年龄、身高、体重和围度等因素的基础上进行女子体型的划分,分为少女型、瘦型少女型、瘦小型少女型、小姐型与妇人型几类。

(三)体型差异分析

随着国际贸易的日益发展,我国的服装出口及外加工业务不断增加。为了使服装产品更好地适应这些市场的需求,就必须通过对各国号型标准的深入研究,了解各国人体的体型特征。

1. 中日体型差异

通过对尺码表的尺寸分析,会发现中国人与日本人体型特征总体比较接近,但也存在着一定的差异。日本男性比中国男性稍胖一些,在胸围相同的情况下,日本男性的臀围、肩宽数值比中国男性的小,背长数值比中国男性的大。日本女子体型的臀围变化比中国女性大很多,日本女性同一胸围对应的臀围数值跨度为8cm,而中国女性为3.6cm。胸围相同的情况下,中国女性的腰围尺寸比日本女性的大。

2. 中德体型差异

德国人体型尺寸在欧洲是比较大的,在胸围相同的情况下,其臀围比其他国家的人大 1 号或 2 号。如德国 40 号与法国 40 号的胸围一致,为 92cm,但德国 40 号的臀围却与法国 42 号的臀围相同,为 100cm。德国男性的胸围、腰围、臀围数值比中国男性大得多,而且胸围越大,臀围尺寸差异越大。同样,德国女性与中国或其他欧洲国家女性相比,胸围相同的情况下,臀围尺寸也比较大,而腰围尺寸则与中国女性基本相同。[4,5]

3. 中英体型差异

英国男性三围尺寸明显比中国男性的大,在身高或胸围增量相等时,腰围、臀围尺寸变化比中国男性的大,即体型比中国男性要胖,而且手臂比中国男性长。英国女性与中国女性相比,其三围尺寸略大,主要表现在臀围尺寸偏大。

第二节　人体与服装结构设计

人体静态体型特征和各部位的运动与服装纸样结构设计关系密切,是人体工效学在服装结构设计中的具体运用。

一、服装松量设计

(一)服装松量的概念界定

人体测量所得的数据是净体尺寸,是紧身的,直接以它为基准进行服装结构设计,虽然合体,但是对人正常的呼吸量、运动舒适性以及款式的设计效果等并没有考虑。人体在不同姿势运动时,体表皮肤会产生较大程度的伸缩,面积变化很大。绝大多数服用面料的伸缩性不足,若要使服装适合人体的各种姿势和活动,使人体感觉舒适,就必须在量体所得数据的基础上追加一定数额的余量,称为松量、放松量或放松度。这种服装松量表现为服装廓体与人体体表间的周长差,是维持人体生理活动与生活、工作需求的必要物理量,其量值的变化构成了服装的离体、贴体形态。把握人体的静态和动态特征与服装松量间的关系,对于更好地提高服装功用性有很大的帮助。

(二)服装松量影响因素分析

从服装松量的概念界定中,可以看出它的大小受以下几方面的影响。[6,7]

1. 服装品种与设计风格

服装松量会随着服装的穿着用途、服装品种变化等有所不同。例如,运动服注重的是运动舒适性,应加放较大的松量;而职业女装更多表现的是一种正式的、庄重的感觉,适体性的要求较高,因此松量相对较少。表 11-4 是服装主要品种的松量,可以在服装结构设计时作为规格设计的参考。上装的控制部位主要为领围、胸围与总肩宽,下装的控制部位主要为腰围与臀围。

表 11-4　服装主要品种的松量　　　　　　　　　单位:cm

服装品种		松量				
		领围	胸围	总肩宽	腰围	臀围
男	衬衫	1.5~2.5	18~22	1~2	—	—
	春秋衫	3.5~4.5	18~22	1~2	—	—
	夹克衫	3.5~4.5	18~22	1~2	—	—
	西服	—	16~20	1~2	—	—
	毛料短/中大衣	8~9	28~32	4~5	—	—
	毛料中长大衣	9~10	28~32	4~5	—	—
	长裤	—	—	—	0~4	9~15
女	衬衫	1.5~2.5	12~16	1~2	—	—
	连衣裙	1.5~2.5	8~12	0.5~1.5	—	6~10
	毛料短大衣	6~7	22~26	2~3	—	—
	毛料中/长大衣	8~10	26~30	2.5~3.5	—	—
	长裤	—	—	—	0~3	8~13
	裙子	—	—	—	0	6~10
	旗袍	1.5~2.5	—	—	—	—

即使是同一品种的服装,其设计风格也会受到不同时期流行变化的影响,因此在松量设计上表现出多样的变化。对于常规的服装款式来说,服装在整体上主要可以表现为四种风格:合体风格、较合体风格、较宽松风格与宽松风格。如表 11-5 所示,这四种风格对应着不同的胸围松量加放。

表 11-5　服装风格与胸围松量设计　　　　　　　单位:cm

服装风格	胸围松量	
	女装	男装
合体	0~10	0~12
较合体	10~15	12~18
较宽松	15~20	18~25
宽松	>20	>25

除了胸围松量随着服装风格变化之外,服装其他主要部位的松量也应随着不同的设计目标进行变化,以期达到所需的设计效果。如强调宽肩的 T 型服装在肩宽设计上须在自然肩基础上加放至少 3cm;H 型服装要根据腰围、臀围与胸围等宽的原则,对腰围、臀围进行加放;A 型服装的腰围、臀围则在胸围放量基础上进行扩展加放。

2. 面料性能

服装松量的大小与面料性能有着很密切的关系,不同厚度、密度、重量、刚硬度、伸缩性、悬垂性等的面料,其松量设计值会有所不同。面料弹性越大,其拉伸性能越好,越能随着人体运动进行伸展,同时也会产生作用于人体的压力,处理好设计松量与压力舒适的关系至关重要。如对于表 11-5 中合体风格女装的胸围松量设计,若采用弹性面料,则可减少 2cm 松量,将松量设计范围控制在 0 ~ 8cm,再根据具体情况加以选用。

3. 人体的体型特征

人的不同生长发育阶段在体型上会表现出不同的特征。进行服装松量设计时,必须根据其特点,在不同的人体部位进行适当的加放。如幼儿期(1 ~ 3 岁)三围差异较小,腰位不明显,挺腰凸肚,因此在服装廓形方面,一般呈 A 型、H 型,腰围、臀围的加放量以胸围加放为基准进行。又如孕妇装的设计,其胸围、腹围都要追加较大的松量。即使是普通人,由于体型上的细微特征差异,也须在松量设计时考虑不同的侧重。

通常,腰围松量要大于或等于胸围松量,而不能小于它,否则就会违背腰部运动功能大于胸部运动功能的规律,这种关系在连衣裙、套装、外套等连腰设计中尤其重要。但对于净腰围接近胸围的 C 型体,会出现腰围松量小于或等于胸围松量的情况。

4. 人体的动态特征

服装松量设计包含了松量加放与松量分配两部分的内容,都与人体的动态特征有着密不可分的关系。松量加放主要指为了保证人体生理、体型、运动以及服装风格等必须加放的余量;松量分配主要指在人体不同部位设置加放的量。

人体躯干的动作主要是前倾动作,因此,在松量加放时后身要比前身大,以满足后身足够的活动量,如背宽比胸宽要大,后肩宽较前肩宽要大。在胸围松量加放与设置过程中应考虑不同部位的追加,最大的部位在后侧缝,然后是前侧缝,后中缝与前中缝最小且接近或相等。

人体下装的松量设计主要是针对腰围与臀围,重点要考虑人体臀部与下肢的活动,如直立、坐椅、席地而坐、正常行走、上下楼梯等。不同动作会对腰部与臀部围度增加有不同的影响,应设置必要的松量。例如在裙子松量设计过程中,为了舒适,正坐时腰围需要增加约 1.5cm,臀围增加约 2.5cm;席地而坐前屈时腰围增加约 3cm,臀围增加约 4cm。因此 3cm、4cm 分别为腰围与臀围松量设计中最基本的量。针对具体款式,考虑舒适性,臀围松量一般都会比 4cm 大。但是对于腰围来说,松量过大会影响腰部的外观美观,考虑人呼吸、进餐前后腰围有 1.5cm 左右的差异,而生理上 2cm 的压迫对身体无不良影响,因此腰围松量一般取 0 ~ 2cm。裙摆宽的设计也与运动特征相关,一般情况下,普通步行裙摆必须增加臀围尺寸的 10%;上下楼梯则必须增加臀围尺寸的 20%。当由于款式需要,无法达到所需裙摆量时,就必须考虑做开口处理,裙摆的最小量甚至可以比(臀围/2 + 2)cm 小 12cm 左右。

二、人体形态与服装结构设计

人是服装的载体,服装美需要人体来表现。人体静态与动态特征不仅影响到服装松量的确定,而且对服装结构设计基本原理的形成与应用起着决定性作用。

(一) 省道设计

省道是服装造型手段之一,它的主要作用是使二维的面料能根据三维的人体进行塑形。人体是凹凸起伏的曲面,尤其女性身体曲线更为明显。为了更好地表现人体,使面料与人体体表相贴合,必须对多余的面料做一定量的折叠,形成省道。省尖点一般指向人体的凸点或凸起区域,起余缺的作用,如指向胸乳点、臀凸、腹凸、肩胛凸、肘凸等。省的缺口是人体的凹处,省量大小取决于人体各截面围度落差及服装不同的贴体要求。围度落差越大,服装要求越贴体,省道量越大;反之,省道量越小。省道的长度与人体凸点与凸面的位置有关,如胸围线、腰围线、臀围线是人体曲线在服装纸样中最直接的反映,在省道拉长的过程中,胸围线、臀围线是省长设计的极限,腰围线则是服装纵向省道量最大的地方。

胸省是女装设计中应用最广泛、最复杂的省道,在设计过程中,可围绕胸乳点对胸省进行分解与转移,形成不同位置的省道,即腰省、侧省、袖窿省、肩省、门襟省和领口省。不同部位的省道虽都起到合体的作用,但对服装外观造型有着不同的影响。如肩省更适合于胸部较丰满的体型,而侧省更适合于胸部较扁平的体型,胸部丰满的程度是胸省量大小的决定因素之一。女性体型分平胸体、标准体、挺胸体、屈身体等,而且不同服装风格对女性曲线身材的强调也有所不同,因此,对胸省量的大小、胸省位置等均有不同的要求。平胸体的胸点位置偏高,省尖位置偏高,胸省量较小;挺胸体则相反,省尖位置偏低,胸省量较大。胸部扁平时,要对胸省进行分解处理,胸省量取值较小,服装偏重较宽松或宽松风格。

图 11-10 为中式裙子标准基本纸样,从中会发现前裙片省长比后裙片省长短,同一裙片中,靠近中缝的省道比靠近侧缝的省道略长。裙子结构上的这一特征与人体结构直接相关。之所以后省长于前省,是因为臀凸位置比腹凸偏低;而臀部、腹部靠近侧缝处起伏较大,凸面位置偏高,使得靠近侧缝的省长偏短。

不同的省道分解后相连,可以形成功能性分割线,也就是常说的"连省成缝",如肩省与腰省相连形成公主线分割,侧省与腰省相连形成肩胸结构等。肩育克、腰育克等结构的设计也是根据功能性要求,利用分割、省道转移合并等形成的新造型形式,也必须符合人体的基本特征。

(二) 裙子结构设计

裙子设计中最主要的除了省道设计与开口设计外,还有裙后中线的起翘设计。对比中式与美式裙子标准基本纸样, 如图 11-10 和图 11-11 所示,这种差别表现得很明显。美式

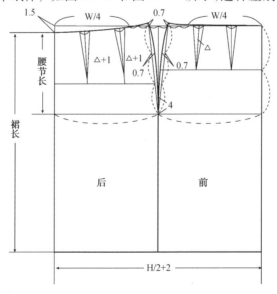

图 11-10　中式裙子标准基本纸样

纸样中裙后翘 1.3cm,而中式纸样中不仅无起翘,还下落了 1.5cm。这两种设计方法的不同,直接影响了后中线长度,美式裙子后中线比前中线长,而中式裙则相反。这种结构的不同与中美女性体型差异相关。人体臀凸靠下,腹凸靠上,裙子穿在身体上后,裙腰线会呈现前高后低的状态。美国女性臀大肌比中国女性丰满,若要使原本不水平的裙腰修正为水平,必须要将后中线修成与前中线水平甚至要高出一些才能达到臀部与水平状态裙摆的平衡。

（三）裤子结构设计

裙装与裤装都是对人体腰围线以下部分的包覆,风格的实现主要通过腰、臀放量,省位确定,省量分配这些过程来完成。但裤装有着不同于裙装的前后裆弯结构,对人体腹臀部进行包覆。从人体前后体形对比来看,臀凸点较腹凸点靠下;同时从人体屈大于伸的运动规律来看,后小裆宽要较前小裆宽大,因此,后裆弧线长大于前裆弧线长。

除了裆弯结构之外,裤装在后中线的处理上也存在着不同于裙装的特性。如图 11-10 所示,中式标准裙子

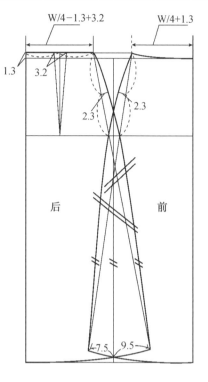

图 11-11　美式裙子标准基本纸样

基本纸样不仅无后翘结构,而且在后中线处下落 1.5cm;而裤装不仅有明显的后翘结构,而且后中线保持一定斜度,起到了使后中线和后裆弯总长增加的作用,以利于人体的前屈动作。后中线翘度的大小取决于臀部结构的挺度,挺度越大,后中线斜度越大,后横裆宽度越大,后中线翘度越大;挺度越小,后中线斜度、后横裆宽度、后中线翘度则越小。图 11-12 是臀高与臀低体型后中线斜度、后中线翘度及后横裆宽度的关系示意,从中可以很好地发现和理解以上规律。

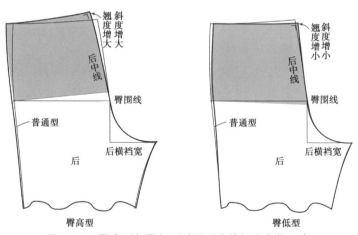

图 11-12　臀高型与臀低型裤子后中线翘度变化示意

由于臀高体型臀部结构挺度大,后裆长度较普通型长,需沿臀围线将其剪开至后侧缝处,固定该点旋转,加放出合适的量。这样做的结果,显而易见是后中线斜度的增加与后中线翘度的增大。臀低体型的设计则恰恰相反,随着臀部挺度的降低,后中线斜度、后中线翘度减小。

（四）领子结构设计

衣领变化多样，但依习惯来看衣领都是由领片与领口（窝）两部分构成。常见的衣领结构除了领线领（无领结构）外，基本可归为立领、翻折领、变化领三类。立领是其中最简单的领子，立领原理是其他领子设计的基础。根据立领前、后领侧水平倾斜角 α 大小的不同，立领可分为直角形（α = 90°）、钝角形（α > 90°）与锐角形（α < 90°）三种情况，如图 11-13 所示。

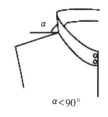
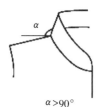

$\alpha < 90°$ $\alpha = 90°$ $\alpha > 90°$

图 11-13 立领的三种结构

直角形的立领上口与领底线等长，呈细长方形结构。在保持领底线长度不变的基础上，领底线上曲、下曲就形成了钝角形立领与锐角形立领结构，如图 11-13 所示。人体的颈部造型呈上细下粗的正台体结构，这与钝角形立领结构中领上口小于领底线的台体结构一致。如图 11-14（a）所示，领底线翘度增大，立领上口与领底线差值越大，台体特征越明显。但是这种翘度并不可能无限增大，必须要保证立领上口围度不小于颈围，以使颈部舒适。因此，钝角形立领的极限情况是领底线曲度与领口曲度完全吻合。实

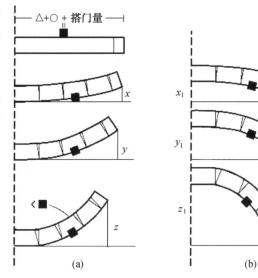

图 11-14 立领底线的曲度变化

际上这种样式下，立领本身的特征已经完全消失，成为连衣的原身出领。一般情况下，领翘度可以取领口长与颈围差值的 1/2。当翘度增大时，须减小领面宽度或开大领口，以保证头部与颈部正常活动的需要。

如图 11-14(b)所示，领底线下曲，立领上口大于领底线，构成了与钝角形立领相反的倒台体结构。下曲度越大，立领上口越长，使立领上半部分容易翻折，构成了领座与领面的结构，这就是翻折领结构形成的基本原理。当下曲度与领口曲线完全相同时，立领全部翻贴在肩部，变成平领结构，没有领座只有领面，立领的特征完全消失，从而实现了从量变到质变的过程。

（五）袖子结构设计

袖子结构设计必须考虑人体手臂的静态与动态特征。静止时，人体手臂形态微向前倾，因此合体袖设计时都须考虑袖口前倾。袖中线前偏量指的是从袖肘线或袖山深线与袖中线的交点处起，向前袖缝线处所做的前偏量，如图 11-15 所示。宽松、较宽松型直身袖的袖口前偏量为 0~1cm；较贴体袖的袖口前偏量为 1~2cm；女装贴体弯身袖的袖口前偏量为 2~

3cm;男装贴体弯身袖的袖口前偏量为 3 ~ 4cm。由于袖中线的前倾,使得前后袖缝产生差量,形成肘省结构,这也是一片袖到两片袖变化的实质。

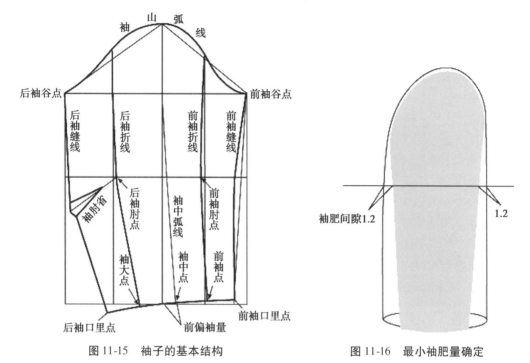

图 11-15　袖子的基本结构　　　　图 11-16　最小袖肥量确定

　　袖子设计中的关键是对袖山高、袖肥、袖窿与运动舒适性、合体性关系的把握。首先,袖肥设计的依据是人体的上臂围,在上臂围最大处加放必要的放松量,使衣袖与上臂围度最大处的间隙量最少在 1.2cm 左右,因此,整个袖围要放出 5cm 左右的量,由此得出最小袖肥量,如图 11-16 所示。

　　袖窿与袖子造型应满足运动、美观等多种需求,由于人体手臂运动幅度较大,变化范围较广,因此设计中必须将功能性与装饰性有机结合,以确定袖山高度与装袖角度。如图 11-17 所示,人体手臂上抬幅度越大,袖山高越小,袖肥越大,手臂还原后腋下褶皱越多;反之,袖山高越大,袖肥越窄,抬臂动作越困难,袖子越合体,腋下褶皱越少。表 11-6 是不同风格服装所采用的袖山高度。

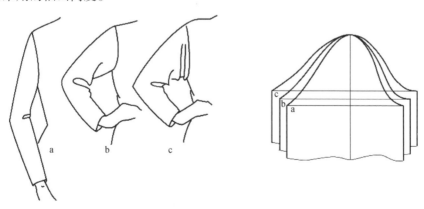

图 11-17　袖山高度与装袖角度

表 11-6　服装风格与袖山高度　　　　　　　　　　　　　单位:cm

服装风格	宽松	较宽松	较贴体	贴体
袖山高度	0 ~ 9	9 ~ 13	13 ~ 17	>17

（六）细部结构设计

口袋是服装细部结构中最主要的部件,根据袋口位置可分为胸袋与腰袋,上衣中的腰部口袋与下装中的口袋都属于腰袋。口袋的大小、位置也必须从人体工效学的角度出发进行设计。

口袋以掌围尺寸为依据,考虑不同功用,确定其袋口大小。如腰袋应使手可插入,则袋口尺寸必须大于掌围;而胸袋一般多用于插花、手绢等装饰,因此,袋口要偏小些,一般男装胸袋净尺寸为 9 ~ 11cm,女装为 8 ~ 10cm。

胸袋位置一般以胸围线与前胸宽线为基准,距前胸宽线 2.5cm 左右,结合服装造型需要进行设计。胸袋角度一般在水平线近袖窿处翘起 1.5cm 左右,这样设计既美观,又方便插物。

腰袋位置与角度对方便性影响较大,设计时要考虑整件衣服的平衡,上装腰袋高低以腰节线为基准,短上衣向下 5 ~ 8cm,长大衣向下 10 ~ 11cm。袋口的前后位置以前胸宽线向前 0 ~ 2.5cm 为中心,做适当倾斜。

第三节　特殊体型与服装结构的补正

特殊体型是指由于环境、年龄、职业、生活习惯等因素或先天遗传的影响,使得身体某部分发生不同于正常体的变化。目前市场上的绝大多数成衣都是根据国家号型标准,为标准体型设计的,即使个别特体成衣,也仅仅考虑了体型围度大小的变化。因此,研究特殊体型特征及其服装结构的补正,对于提高特殊人群服装适体性有着重要的现实意义。[8,9]

一、特殊体型分析

"量体裁衣"一定程度上反映出设计者对人体体型的重视,只有仔细分析体型的特殊性,找出特殊体型与正常体型的差异性所在,才能有针对性地裁制适体的服装。

（一）影响上装设计的特殊体型分析

人体肩部、胸部、背部、腹部结构直接影响上衣的结构设计,在衣长较长的款式中,臀部造型也对结构有很大的影响。常见的影响上装设计的特殊体型主要有平肩、溜肩、高低肩、高肩胛骨、挺胸、平胸、驼背、平背、凸肚、凸臀等。

表征肩部形态最重要的指标是肩斜角度,一般女性正常肩斜角度为 19° ~ 22°。肩斜角度大于22°,两肩微塌,称为斜肩或溜肩;肩斜角度小于19°的称为平肩,如图 11-18 所示。平肩体穿着正常体型较贴体、贴体服装时,两肩端平,呈 T 字形肩端部位拉紧,肩缝靠近侧颈点处起空,止口豁开,袖子前后都有涟形,后身背部有横向皱纹。溜肩体则正好与平肩体相反,穿上正常体型的服装后,外肩缝会起空,外肩头下垂,袖窿处出现明显斜褶。还有些特殊体型,左右两肩高低不一,一肩正常,另一肩低落,称为高低肩,穿上正常体型的服装后,低肩的下部会出现皱褶。

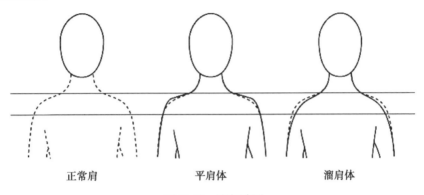

正常肩　　　　　　　平肩体　　　　　　　溜肩体

图 11-18　肩部造型

人体躯干上部的特殊体型主要表现为挺胸、驼背、凸肚以及挺胸凸肚等,如图 11-19 所示。挺胸体的人体胸部前挺,饱满突出,后背平坦,头部略往后仰,前胸宽,后背窄,穿上正常体型的服装后,前胸绷紧,前衣片显短,后衣片显长,前身起吊,搅止口。驼背体型人体背部突出且宽,头部略前倾,前胸则较平且窄,穿上正常体型的服装后,前长后短,后片绷紧起吊。凸肚体腹部明显,穿上正常体型的服装后,前短后长,腹部紧绷,摆缝处起涟形。凸臀体臀部丰满凸出,穿上正常体型的服装后,臀部绷紧,下摆前长后短,衣服下部向腰部上缩,后背下半段吊起。

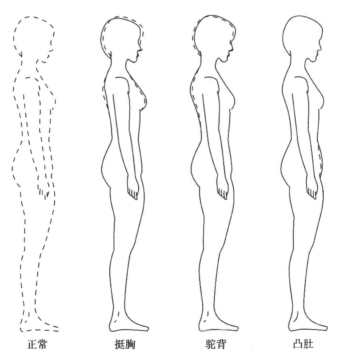

正常　　　　挺胸　　　　驼背　　　　凸肚

图 11-19　胸、背、腹部造型

（二）影响下装设计的特殊体型分析

臀部、腿部与腹部是影响下装设计的主要部位。

如图 11-20 所示，平臀体型臀部平坦，穿上正常体型的西裤后，会出现后缝过长并下坠的现象。凸臀体与其相反，臀部丰满凸出，腰部中心轴倾斜，穿上正常体型的西裤后，臀部绷紧，后裆宽卡紧。落臀体臀部丰满，位置偏低，穿上正常体型的西裤后，后腰中缝下落，后腰省不平服，出现横向涟形，后臀部过于宽松，出现多余褶皱。凸肚体型腹部突出，臀部并不显著突出，腰部的中心轴向后倒，穿上正常体型的西裤，会使腹部绷紧，腰口线下坠，侧缝袋绷紧。

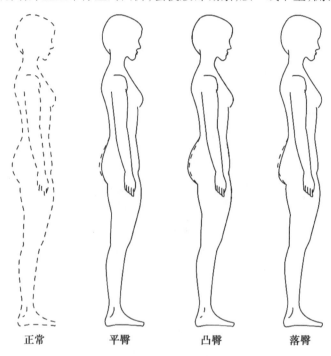

正常　　　平臀　　　凸臀　　　落臀

图 11-20　臀部造型

腿部的特殊体型较为常见的是 O 型腿和 X 型腿，如图 11-21 所示。O 型腿又称罗圈腿、内撇脚，其特征是臀下弧线至脚跟呈现两膝盖向外弯，两脚向内偏，下裆内侧呈椭圆形，穿上正常体型的西裤，会出现侧缝线显短而向上吊起，下裆缝显长而起皱，并形成烫迹线向外侧偏等现象。X 型腿或称八字腿、豁脚，其特征是臀下弧线至两膝盖向内并齐，立正以后在膝盖部位靠拢，而踝骨并不拢，两腿向外撇，呈八字形，穿上正常体型的西裤，会使下裆缝因显短而向上吊起，侧缝线则因显长而起皱，裤烫迹线向内侧偏。

二、服装结构补正

弄清特殊体型相对正常体型特殊的地方，就可以有

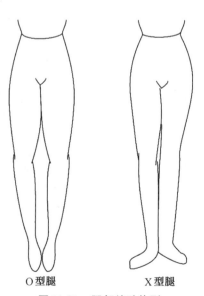

O 型腿　　　X 型腿

图 11-21　腿部特殊体型

针对性地在结构设计中加以注意,或对正常体型服装结构进行补正修改。简单地说,结构的补正主要是在判断的基础上进行,如挺胸、凸肚体穿着正常体型的上装前长偏短,就需要对长度做增长处理;体胖者的服装做肥些,体瘦者的衣服做紧些;突起的部位做鼓些,凹陷的部位做凹些;易动的部位做宽松些,稳定的部位做紧凑些。

　　下面以平肩、驼背、X 型腿、O 型腿等几类特殊体型为例论述服装结构补正的基本方法与过程。溜肩、高低肩等肩部特殊体型可参照平肩的处理方法;挺胸、凸肚体或其他复合特殊体型等可参照驼背体型的处理过程,对前长进行加长;凸臀、平臀、凸腹等特殊体型可参照图 11-9 的臀高型与臀低型裤子后中线翘度变化这一结构设计原理分别对后长、前长等进行补正处理。

（一）平肩体型的服装结构补正

　　平肩体型穿着正常服装后出现的问题主要是由衣片的肩斜度与人体实际肩斜角度不一致造成的。因此,在进行结构补正时,首先要测量肩缝与上平线的夹角 α,得知平肩的程度,如图 11-22 所示。然后如图 11-23 所示,将肩缝改平,以适合平肩体型,同时开落领圈,直开领长度不变,后直开领适度下落,待后领脚涌起的毛病消除为止。前片外肩缝拔开,使肩骨不顶住衣片。最后在贴边长度允许的前提下,加长底摆,以达到原来的长度。另外,对于平肩体型来说,垫肩使用时宜薄,如原来 1.5cm 的垫肩,可改为 0.8cm,以适应平肩体型。

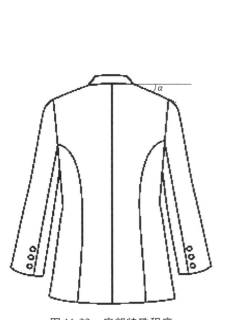

图 11-22　肩部特殊程度

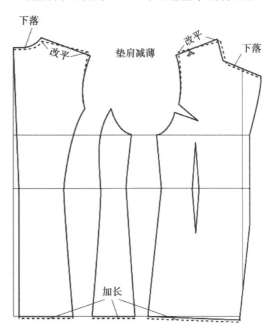

图 11-23　平肩体型的服装结构补正

（二）驼背体型的服装结构补正

　　驼背体型较正常体型背部宽,后腰节长,袖窿前移。因此,在补正时要根据这一基本原则。将后颈点、后侧颈点上移,加长后腰节,如图 11-24 所示。同时由于驼背体除脊柱弯曲外,一般伴有肩骨突出,因此放出肩缝,归缩成弧状,严重时可收肩省。对已完成的成衣来说,缝头较少,肩部不可能有很多加放空间,因此,开落袖窿线,增长后袖窿深度,并将腰节线处同步下移,后片底摆处相应放出,同时归拢腋下部位,使弯曲的驼背较为舒适。由于后肩部位较肥,因此放出大袖片的后袖山弧线,小袖片同步放出,使抬手运动时更加方便。

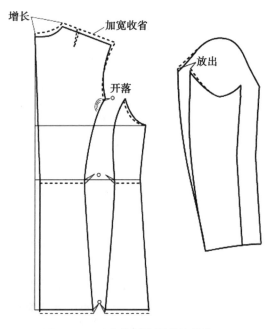

图 11-24　驼背体型的服装结构补正

（三）腿部特殊体型的服装结构补正

O 型腿体型穿着正常体型西裤时,最主要的是栋缝下段呈斜向涟形,前挺缝线不能对准鞋尖,脚口不平服,向外荡开。处理时,在髋骨位置将纸样做横向剪切,固定内缝线上的点,将下段旋转展开,确定新的挺缝线,如图 11-25 所示。X 型腿与 O 型腿正好相反,脚口向里荡开,是裤内缝线长度不足,因此,在髋骨位置将纸样做横向剪切,固定侧缝线上的点,将下段旋转展开,确定新的挺缝线,如图 11-26 所示。

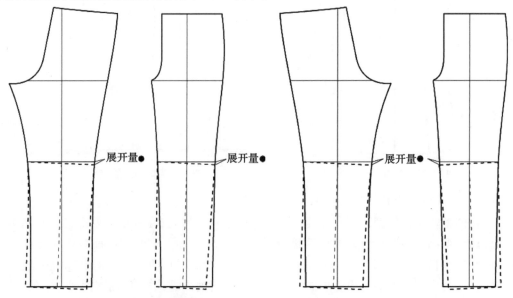

图 11-25　O 型腿的服装结构补正　　　图 11-26　X 型腿的服装结构补正

体型特殊部位不同,服装款式不同,服装结构的补正方法也有所不同,须结合具体情况,仔细判断、分析,确定补正的具体部位与用量,以使制成的服装适合特殊的人体。

练习与思考

1. 名词解释:接触式测量、非接触式测量、服装松量。
2. 通过对中外号型标准的比较,对体型划分的基本方法进行分析对比。
3. 分析影响服装松量大小、设置部位的因素。
4. 例证人体形态与服装结构设计的关系。
5. 对影响上装与下装设计的特殊体型进行分析,并进行服装结构的补正。

参考文献

［1］［TC］²公司网址:http:∥www. tc2. com.

［2］Cyberware 公司网址:http:∥www. Cyberware. com.

［3］Cad Modelling Ergonomics 公司网址:http:∥www. cadmodelling. it.

［4］戴鸿.中德女装号型标准之比较[J].纺织标准与质量,2003(4):35.

［5］戴鸿.服装号型标准及其应用[M].北京:中国纺织出版社,2009.

［6］刘瑞璞.服装纸样设计原理及应用[M].北京:中国纺织出版社,2007.

［7］张文斌,方方.服装人体工效学[M].上海:东华大学出版社,2008.

［8］孙熊.特殊体型服装裁剪[M].上海:上海科学技术出版社,1994.

［9］包昌法.服装量裁缝烫技艺图解手册[M].北京:中国纺织出版社,1997.

附 录 1

环境参数的测定

所谓气温就是空气的温度,气温的国际单位是摄氏度(℃)。在正常大气压力下,将纯水的冰点定为0℃,沸点定为100℃,其间100等分,每等分即为1℃。另外,华氏温度和绝对温度也是常用的温度单位,华氏温度常在欧美国家使用,绝对温度常使用在热力学领域。这三种温度之间的关系如下:

$$t_c = \frac{5}{9}(t_F - 32) \tag{1}$$

$$t_c = T - 273.15 \tag{2}$$

式中:t_c 为摄氏温度,℃;

$\quad t_F$ 为华氏温度,℉;

$\quad T$ 为绝对温度,K。

（一）气温的测量方法

1. 棒状温度计

棒状温度计分为酒精温度计和水银温度计,是气温测量常用的工具。水银温度计可在 $-30 \sim 350$℃之间进行较正确的测量。

2. 最高最低温度计

该温度计主要是用来测量一定时间内(如24h)的最高温和最低温,如图1所示。将U形管酒精柱的一定部分用水银填充,最低值由酒精柱的体积决定,最高值由酒精柱和水银柱体积之和决定。

3. 电子温度计

该类型的温度计主要分为热敏电阻温度计和热电偶温度计两种。热敏电阻温度计主要利用金、银、铜、镍等金属阻抗随温度变化的对应关系,通过测量阻抗来测定温度。热电偶温度计通过测量回路中正比于温度差的热电动势来测定温度。

图1　最高最低温度计

（二）测量气温注意事项

1. 测定室内气温

为了减少墙壁或柱子温度对测量的影响,不能把温度计挂在墙上或柱子上。温度计最好放置在室内中央,避开加热源和有辐射热的地方。测定气温的位置高度一般与人的头部同高,约 1.5m。需要了解室内气温是否均匀时,可以在人的活动区域上下、左右、前后各测若干点取其平均值和标准差。

2. 测定室外气温

在室外测气温时要用百叶箱。百叶箱的作用是防止日光辐射热和地面辐射热以及雨雪的影响。百叶箱高度离地面 1.2 ~ 1.5m 为宜。

3. 读取温度计温度值

查看棒式温度计温度时,切勿用手抓住温度计的感温球部,同时要求眼睛和温度计液柱顶部保持水平。

二、湿度

湿度是指空气中水分的含量。湿度一般采用相对湿度表示,其值为空气中的水气压与同温度下饱和水气压的百分比。表示湿度的另一个指标是绝对湿度,绝对湿度是指单位容积的气体中所含水分的质量,其单位为 mg/L。

测量湿度的仪器主要有以下几种:

1. 毛发湿度计

脱脂头发的长度会随着湿度变化而变化。毛发湿度计就是根据这一特性而制作出来的,其感湿部分是一根脱脂的头发,装置在金属架上,指针所指的数值即为空气的相对湿度,如图 2 所示。

图 2　毛发温度计

2. 普通干湿球温度计

普通干湿球温度计由两只性能相同的水银温度计组成,如图 3 所示。其中一只水银温度计在感温球部包着一层脱脂纱布,用蒸馏水浇湿,叫作湿球温度计;另一只水银温度计不包纱布,叫作干球温度计。根据干湿球温度计的读数,通过查表可以得到相对湿度。

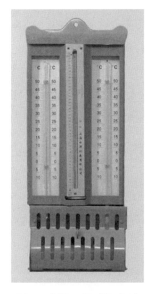

图3　普通干湿球温度计　　　　　　图4　通风干湿球温度计

3. 通风干湿球温度计

通风干湿球温度计又叫阿斯曼通风式湿度计,其原理与普通干湿球温度计相同,但它的构造比普通干湿球温度计有所改进,两根棒状温度计装在镀铬管中,并且对管内温度计的感温球部始终施加一定的气流(3.7m/s),从而减少了辐射热和边界层的影响,如图4所示。通风干湿球温度计用于精确的测量。

三、气流

气流(或称为风)是指大气压产生的空气流动,空气流动速度的单位为 m/s 或 cm/s。测量气流所用的仪器主要有卡他温度计、风车风速仪和热线风速仪等。

1. 卡他温度计

卡他温度计是 1916 年研究出来的,如图5所示。它根据温度从 37.8℃ 下降到 35℃ 所放出固定热量的时间,来求取外界空气的冷却力,即单位时间、单位面积所丧失的热量,从而可以计算出气流。该仪器主要用于测定 1m/s 以下的室内微小风速,它的感温球部比一般温度计大得多,其中装有酒精。

图5　卡他温度计

2. 风车风速计

风车风速计的主体是由 8 片叶片组合成的风车,其轴由齿轮连接在风速计上,如图6所示。首先读风车停止时指针所指读数,再拉启动杠杆后开始测量,1min 后读指针所指读数,将两次读数之差除以 60 即可求出风速。风车风速仪可用于 1～15m/s 的气流的测量。

图6　风车风速计　　　　　图7　热线风速仪

3. 热线风速仪

将白金或镍等金属线路通电加热后置于气流中冷却,其电阻发生变化,测定电阻变化,找出温度随风速大小变化的规律后,就可以求出气流速度。图7是热线风速仪。

四、辐射热

常用的辐射热测定仪是黑球温度计,如图8所示。

黑球温度计是一个直径约15cm,厚度约0.5mm的中空铜球,表面为纯黑色。它可以测定周围环境(物体和墙壁)及太阳辐射热的强度。将黑球温度计吊挂在所测空间15~20min后读数,该数值表示气温和辐射之间的关系,即黑球温度与气温之差,称为有效辐射温度,其值的正负意味着接受或释放出相应的辐射能。平均辐射温度(MRT)可以通过下式来计算。

图8　黑球温度计

$$MRT = T_g + 2.4\sqrt{v}(T_g - T_a)\qquad(3)$$

式中：T_g 为黑球温度,℃；

　　　T_a 为空气温度,℃；

　　　v 为风速,m/s。

附录 2

各种单件服装的热阻值

服装名称及组成		服装质量/kg	覆盖面积/%	f_{cl}	I_{clo}/clo	I_{cl}/clo
衬衫	长袖,加领结(细平布)	0.206	52	1.13	0.25	0.33
	长袖,衬衫领(细平布)	0.196	51	1.12	0.25	0.33
	长袖,衬衫领(法兰绒)	0.309	51	1.12	0.34	0.42
	短袖,衬衫领(细平布)	0.156	43	1.10	0.19	0.25
	短袖,运动衫(双面针织物)	0.228	40	1.02	0.17	0.18
	3/4袖,宽松船型袖(细平布)	0.142	46	1.11	0.27	0.34
	带装饰袖,船型袖(细平布)	0.113	36	1.09	0.21	0.27
	无袖,汤匙领(细平布)	0.117	30	1.08	0.13	0.18
	桶状胸围(双面针织物)	0.67	12	1.01	0.06	0.07
	长袖,汗衫(背面起绒针织物)	0.284	45	1.06	0.34	0.38
毛衣	长袖,V领(平针织物)	0.215	44	1.04	0.25	0.28
	长袖,V领开襟羊毛衫(平针织物)	0.215	39	1.04	0.23	0.26
	短袖,V领(平针织物)	0.188	35	1.04	0.20	0.23
	短袖,V领开襟羊毛衫(平针织物)	0.188	30	1.04	0.17	0.20
	无袖,V领(平针织物)	0.130	28	1.03	0.13	0.15
	长袖,圆领(平针织物)	0.424	45	1.06	0.36	0.40
	长袖,圆领开襟羊毛衫(平针织物)	0.424	39	1.06	0.31	0.35
	无袖,圆领(平针织物)	0.301	29	1.04	0.22	0.25
	长袖,高领(双面针织、薄型)	0.231	47	1.05	0.26	0.29
	长袖,高领(平针织物、厚型)	0.459	47	1.06	0.37	0.41
夹克与背心	单搭门夹克(粗斜棉布)	0.518	50	1.12	0.36	0.44
	单搭门夹克(粗花呢)	0.652	50	1.12	0.44	0.52
	双搭门夹克(粗斜棉布)	0.562	50	1.13	0.42	0.50
	双搭门夹克(粗花呢)	0.702	50	1.13	0.48	0.56
	工作服(帆布)	0.885	55	1.21	0.39	0.51
	背心(粗斜棉布)	0.150	21	1.05	0.10	0.13
	背心(粗花呢)	0.185	21	1.05	0.17	0.20
	直筒型,紧身长裤(粗斜棉布)	0.298	45	1.09	0.15	0.21
	直筒型,紧身长裤(粗花呢)	0.404	45	1.09	0.24	0.30

	服装名称及组成	服装质量/kg	覆盖面积/%	f_{cl}	I_{clo}/clo	I_{cl}/clo
裤子、工作连衣裤	直筒型,宽松长裤(粗斜棉布)	0.354	45	1.20	0.20	0.32
	直筒型,宽松长裤(粗花呢)	0.459	45	1.20	0.28	0.40
	轻便短裤(粗斜棉布)	0.195	25	1.06	0.08	0.12
	轻便短裤(粗花呢)	0.251	25	1.06	0.17	0.21
	短裤(粗斜棉布)	0.164	18	1.05	0.06	0.09
	卫生裤(背面起绒针织物)	0.345	44	1.10	0.28	0.34
	工作长裤(帆布)	0.832	46	1.21	0.24	0.36
	工作长裤(粗斜棉布)	0.854	55	1.18	0.30	0.41
	连衣裤(华达呢)	0.995	81	1.21	0.49	0.61
	隔热连衣裤(多层复合织物)	1.313	81	1.23	0.96	1.09
裙子	A字型,齐踝(粗斜棉布)	0.284	45	1.34	0.23	0.41
	A字型,齐踝(粗花呢)	0.378	45	1.34	0.28	0.46
	A字型,膝下15.2cm(粗斜棉布)	0.288	40	1.25	0.18	0.32
	A字型,膝下15.2cm(粗花呢)	0.384	40	1.25	0.25	0.39
	A字型,膝上15.2cm(粗斜棉布)	0.179	28	1.12	0.10	0.18
	A字型,膝上15.2cm(粗花呢)	0.238	28	1.12	0.19	0.27
	A字型,齐膝(粗斜棉布)	0.229	35	1.18	0.14	0.25
	A字型,齐膝(粗花呢)	0.305	35	1.18	0.23	0.34
	直筒型,齐膝,开缝(粗斜棉布)	0.194	34	1.15	0.14	0.23
	直筒型,齐膝,开缝(粗花呢)	0.259	34	1.15	0.22	0.31
	斜裁喇叭裤,齐膝(粗斜棉布)	0.286	35	1.22	0.13	0.26
	斜裁喇叭裤,齐膝(粗花呢)	0.380	35	1.22	0.22	0.35
	收裥裙,齐膝(粗斜棉布)	0.271	35	1.19	0.14	0.25
	收裥裙,齐膝(粗花呢)	0.359	35	1.19	0.22	0.33
	百褶裙,齐膝(粗斜棉布)	0.410	35	1.19	0.16	0.27
	百褶裙,齐膝(粗花呢)	0.539	35	1.19	0.26	0.37
外衣	长袖,衬衫领,A字型(粗平布)	0.254	69	1.21	0.32	0.44
	长袖,衬衫领,A字型(粗花呢)	0.280	69	1.21	0.47	0.59
	长袖,衬衫领,束腰(细平布)	0.283	69	1.18	0.35	0.46
	长袖,衬衫领,束腰(粗花呢)	0.327	69	1.18	0.48	0.59
	短袖,衬衫领,A字型,束腰(细平布)	0.237	61	1.15	0.29	0.38
	无袖,汤匙领,A字型(细平布)	0.153	48	1.19	0.23	0.34
	无袖,汤匙领,A字型(粗花呢)	0.414	48	1.19	0.27	0.38
睡衣	长袖,长袍(经编针织物)	0.260	81	1.49	0.29	0.52
	长袖,长袍(法兰绒)	0.435	81	1.49	0.46	0.69
	长袖,短袍(经编针织物)	0.180	66	1.25	0.24	0.38
	长袖,短袍(法兰绒)	0.305	66	1.25	0.39	0.53
	短袖,长袍(经编针织物)	0.239	74	1.44	0.25	0.47
	短袖,短袍(经编针织物)	0.157	59	1.20	0.21	0.33
	无袖,长袍(经编针织物)	0.217	65	1.42	0.20	0.41
	无袖,短袍(经编针织物)	0.138	50	1.18	0.18	0.29
	细腰带,长袍(经编针织物)	0.157	58	1.33	0.18	0.36

续表

服装名称及组成		服装质量/kg	覆盖面积/%	f_{cl}	I_{clo}/clo	I_{cl}/clo
睡衣	细腰带,短袍(经编针织物)	0.094	42	1.12	0.15	0.23
	医用长袍(印花布)	0.270	57	1.23	0.31	0.44
	长袖上衣,长裤睡衣(细棉布)	0.327	80	1.30	0.48	0.64
	长袖上衣,长裤睡衣(法兰绒)	0.447	80	1.30	0.57	0.73
	短袖上衣,长裤睡衣(细平布)	0.297	71	1.26	0.42	0.57
	长睡裤(细平布)	0.149	45	1.20	0.17	0.29
	卧具(起绒针织物)	0.599	86	1.38	0.72	0.92
长袍	长袖,围裹式,长裤(丝绒)	0.690	80.5	1.40	0.53	0.73
	长袖,围裹式,长裤(毛圈织物)	1.196	80.5	1.43	0.68	0.89
	长袖,围裹式,长裤(毛圈针织物)	1.535	80.5	1.47	1.02	1.25
	长袖,围裹式,短裤(细平布)	0.298	68	1.24	0.41	0.55
	长袖,围裹式,短裤(丝绒)	0.556	68	1.25	0.46	0.60
	3/4长袖,围裹式,短裤(丝绒)	0.514	63	1.20	0.43	0.55
	长袖,前扣,长裤(细平布)	0.268	82	1.47	0.43	0.66
	长袖,前扣,长裤(丝绒)	0.586	82	1.48	0.49	0.72
	长袖,前扣,短裤(细平布)	0.260	69	1.32	0.40	0.57
	长袖,前扣,短裤(丝绒)	0.473	69	1.33	0.45	0.63
	短袖,前扣,短裤(细平布)	0.231	61	1.28	0.34	0.50
内衣、鞋袜	三角内裤(针织物)	0.065	12	1.01	0.04	0.05
	女式短衬裤(经编针织物)	0.027	12	1.01	0.03	0.04
	胸罩(针织物/泡沫)	0.044	5	1.01	0.01	0.02
	女式短衬裙(经编针织物)	0.065	32	1.11	0.14	0.21
	女式长衬裙(经编针织物)	0.082	40	1.12	0.16	0.24
	T恤衫(针织物)	0.105	32	1.03	0.08	0.10
	长袖保暖衬衣(针织物)	0.200	49	1.06	0.20	0.24
	长保暖裤(针织物)	0.210	44	1.06	0.15	0.19
	连裤袜(针织物)	0.039	51	1.00	0.02	0.02
	齐踝运动短袜(针织物)	0.049	7	1.01	0.02	0.03
	齐小腿运动袜(针织物)	0.082	14	1.01	0.03	0.04
	齐小腿普通袜(针织物)	0.053	13	1.01	0.03	0.04
	齐膝厚袜(针织物)	0.068	20	1.01	0.06	0.07
	皮带/凉鞋(乙烯树脂类)	0.346	5	1.01	0.02	0.03
	硬底休闲鞋(乙烯树脂类)	1.006	7	1.03	0.02	0.04
	拖鞋(起绒织物)	0.186	9	1.04	0.03	0.06
	软底运动袜(粗帆布)	0.182	7	1.03	0.02	0.04

注：f_{cl}为服装面积系数，I_{clo}为服装有效热阻，I_{cl}为服装基本热阻。

数据来源：[1] 黄建华.服装舒适性[M].北京:科学出版社,2008.

[2] McCullough E A,Jones B W,Ruck J. A comprehensive data base for estimating clothing insulation[J]. ASHRAE Transactions,1985,91(2):29－47.

附录3

各种配套服装的热阻值

配套服装及组成	总热阻 /clo(m² · ℃/W)	服装面积系数	基本热阻 /clo(m² · ℃/W)
男式职业套装 （三角内裤、T恤衫、长袖有领衬衫、夹克、单搭门、背心、长裤、皮带、长筒袜子、硬底休闲鞋、领带）	1.69(0.262)	1.32	1.14(0.177)
女式职业套装 （短衬裤、短衬裙、长袖女衬衫、合体夹克、双搭门、直筒裙、连裤袜、硬底休闲鞋）	1.60(0.248)	1.30	1.04(0.162)
男士夏季休闲服 （三角内裤、短袖有领衬衫、长裤、皮带、长筒袜子、硬底休闲鞋）	1.20(0.186)	1.15	0.57(0.089)
牛仔裤、衬衫 （三角内裤、长袖厚橄榄球衬衫、牛仔裤、运动短袜、软底运动鞋）	1.27(0.197)	1.22	0.68(0.105)
夏季短裤、衬衫 （三角内裤、短袖衬衫、短裤、运动短袜、软底运动鞋）	1.02(0.158)	1.10	0.36(0.056)
女式休闲装 （长袖衬衫、直筒长裤、连裤袜、硬底休闲鞋）	1.21(0.188)	1.20	0.61(0.095)
女式短裤、背心 （短衬裤、无袖背心、短裤、凉鞋）	0.93(0.144)	1.08	0.26(0.040)
运动汗衫 （短衬裤、长袖汗衫、汗裤、鞋袜、软底运动鞋）	1.35(0.209)	1.19	0.74(0.115)
睡衣、睡裤 （长袖睡衣、长睡裤、短袖睡袍、拖鞋）	1.50(0.233)	1.32	0.96(0.148)

配套服装及组成	总热阻 /clo(m² · ℃/W)	服装面积系数	基本热阻 /clo(m² · ℃/W)
工作服 (三角内裤、T恤衫、长袖有领衬衫、工装裤、运动短袜、靴子)	1.46(0.226)	1.27	0.89(0.138)
隔热服 (长袖保暖衬衣、保暖长裤、运动短袜、隔热连衣裤、靴子)	1.95(0.302)	1.26	1.37(0.213)
工作服 (三角内裤、短袖有领衬衫、长裤、皮带、长筒袜子、硬底休闲鞋、涤纶混纺连衣裤)	1.52(0.236)	1.18	0.91(0.141)
清洁工作服 (三角内裤、短袖有领衬衫、长裤、皮带、长筒袜子、硬底休闲鞋、涤纶连衣裤)	1.55(0.240)	1.26	0.97(0.151)
毛制工作服 (三角内裤、短袖有领衬衫、长裤、皮带、长筒袜子、硬底休闲鞋、毛制连衣裤)	1.68(0.260)	1.26	1.10(0.171)
阻燃棉制工作服 (三角内裤、短袖有领衬衫、长裤、皮带、长筒袜子、硬底休闲鞋、阻燃棉制连衣裤)	1.60(0.248)	1.26	1.03(0.159)
腈纶工作服 (三角内裤、短袖有领衬衫、长裤、皮带、长筒袜子、硬底休闲鞋、变性腈纶连衣裤)	1.62(0.251)	1.26	1.05(0.162)
Tyvek工作服 (三角内裤、短袖有领衬衫、长裤、皮带、长筒袜子、硬底休闲鞋、一次性Tyvek连衣裤)	1.53(0.237)	1.26	0.96(0.148)
Gore-Tex两件套装 (三角内裤、短袖有领衬衫、长裤、皮带、长筒袜子、硬底休闲鞋、轻式Gore-Tex夹克、轻式Gore-Tex裤子)	1.73(0.268)	1.28	1.16(0.181)
Nomex工作服 (三角内裤、短袖有领衬衫、长裤、皮带、长筒袜子、硬底休闲鞋、Nomex芳族聚酰胺连衣裤)	1.62(0.251)	1.26	1.05(0.162)
聚氯乙烯/涤纶针织套装 (三角内裤、短袖有领衬衫、长裤、皮带、长筒袜子、硬底休闲鞋、酸洗过的夹克、酸洗过的裤子)	1.63(0.253)	1.28	1.07(0.166)

配套服装及组成	总热阻 /clo(m² · ℃/W)	服装面积系数	基本热阻 /clo(m² · ℃/W)
聚氯乙烯套装 (三角内裤、短袖有领衬衫、长裤、皮带、长筒袜子、硬底休闲鞋、带头巾酸泼过的聚氯乙烯夹克、酸泼过的聚氯乙烯连衣裤)	1.69(0.262)	1.28	1.13(0.175)
聚丁橡胶/锦纶套装 (三角内裤、短袖有领衬衫、长裤、皮带、长筒袜子、硬底休闲鞋、带头巾聚丁橡胶/锦纶夹克、聚丁橡胶/锦纶连衣裤)	1.70(0.264)	1.28	1.14(0.177)

注：裸体暖体假人表面空气层的热阻为 0.12m² · ℃/W(0.72clo)。

数据来源：黄建华.服装舒适性[M].北京:科学出版社,2008.

附录4

各种配套服装的湿阻及透湿指数

配套服装及组成	总湿阻/($m^2 \cdot Pa/W$)	透湿指数	基本湿阻/($m^2 \cdot Pa/W$)
男式职业套装	44	0.36	33
女式职业套装	39	0.39	28
男式夏季休闲服	27	0.42	15
牛仔裤、衬衫	31	0.39	20
夏季短裤、衬衫	23	0.42	10
女士休闲装	26	0.44	14
女士短裤、背心	22	0.40	9
运动汗衫	29	0.44	17
睡衣、睡裤	35	0.40	24
工作服	35	0.39	24
隔热服	48	0.38	37
工作服	37	0.39	25
清洁工作服	39	0.37	28
毛制工作服	42	0.38	31
阻燃棉制工作服	38	0.40	27
腈纶工作服	38	0.40	27
Tyvek 工作服	45	0.32	34
Gore-Tex 两件套装	44	0.37	33
Nomex 工作服	39	0.39	28
聚氯乙烯/涤纶针织套装	105	0.15	94
聚氯乙烯套装	126	0.13	115
聚丁橡胶/锦纶套装	120	0.13	109

注：裸体暖体假人表面空气层的湿阻为 14 $m^2 \cdot Pa/W$，透湿指数为0.48。

数据来源：黄建华. 服装舒适性[M]. 北京:科学出版社,2008.